AF346985

TRAITÉ

CRITIQUE ET PRATIQUE

DU COMMERCE, DU CONTROLE ET DE LA LÉGISLATION

DES ENGRAIS

Paris.—Imprimerie PREVE et Comp., r. J.-J.-Rousseau, 15.

TRAITÉ

CRITIQUE ET PRATIQUE

DU COMMERCE, DU CONTROLE ET DE LA LÉGISLATION

DES ENGRAIS

Présenté aux Sociétés, aux Comices et au Congrès central d'Agriculture de France.

PAR

F.-S. DE SUSSEX,

chimiste-manufacturier,

Membre de la Société de chimie, de celle des beaux-arts et des sciences de Londres, de la Société d'agriculture de Boulogne-sur-Mer, etc.

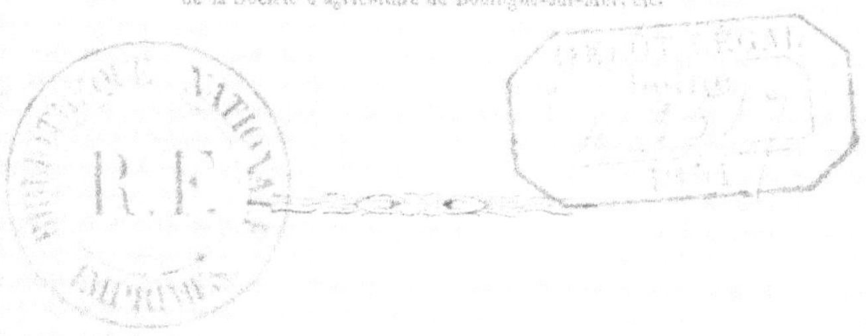

BIBLIOTHÈQUE NATIONALE R.F.

PARIS,

DUSACQ, LIBRAIRIE AGRICOLE DE LA MAISON RUSTIQUE,
26, RUE JACOB;

MADAME VEUVE HUSARD, 5, RUE DE L'ÉPERON.

PAULIN, ÉDITEUR, 60, RUE DE RICHELIEU.

1851.

INTRODUCTION.

La question commerciale des engrais, est le résumé de toutes les considérations dont ils doivent être l'objet; c'est, à leur égard, un point de vue encyclopédique, ou bien encore, un point d'incidence où le résultat et la cause, la production et sa raison matérielle, doivent arriver pour être susceptibles de recevoir une expression mathématique.

Quelles que soient les quantités et les qualités des engrais, dans l'état actuel de déperdition et de dépréciation dont ils sont l'objet, ou dans un avenir de meilleure économie, peut-être encore trop éloigné, l'estimation des pertes, comme celle des avantages qui peuvent se rattacher à la matière fertilisatrice, tient directement aux rapports commerciaux dans lesquels elle peut se trouver placée, de manière à devenir, selon ces conditions, abondante et fructueuse, ou rare et financièrement négative.

L'objet de l'agriculture et les moyens de l'atteindre, démontrés scientifiquement, résoudraient, sans doute, une partie essentielle de la question des engrais, mais en laissant l'autre aussi vague qu'auparavant. Or, c'est précisément la partie pratique, le revient réel, dont la solution devient pressante, je dirai même urgente.

La science, à son défaut le bon sens, en apportant la preuve de l'impossibilité de la culture sans engrais, ne donnerait à l'art qu'un enseignement tout à fait stérile, si les termes économiques de leur application manquaient encore au problème.

Ces considérations m'ont décidé à suspendre un instant un travail plus étendu sur la *Chimie agricole*, pour m'arrêter à la question *commerciale*. Prouver que ce que la science indique comme essentiel à la production, est aussi réalisable : que si, d'une part, les *valeurs* permettent

l'*emploi*, que si les *produits* remboursent au cen-
tuple la *dépense intelligente* ; d'un autre côté,
les *quantités* peuvent répondre à l'*étendue de la
culture*, tel est le premier objet de ce petit
traité.

Trouver un *principe*, une *unité* de valeur pour
instituer par cela même un *contrôle*, un commerce régulier, subséquemment une législation
spéciale pour les engrais, voilà surtout où nous
voulons arriver; ce résultat définitif étant seul
capable de placer la question qui nous occupe à
son véritable rang et de démontrer que, dans
l'économie rurale, aucune amélioration ne saurait l'emporter sur les engrais, exclusivement
de leur emploi, sans inversion d'ordre, sans
être frappée de nullité.

La condition dans laquelle les ressources subs-
tantielles, le véritable capital de l'agriculture, se
trouvent placées, dans l'opinion qui les dédaigne,
dans la culture qui les ignore, dans l'industrie qui
les fraude, dans les mœurs, dans les usages qui
sanctionnent leur déperdition; cette condition,
dis-je, d'ignorante ruine, ou de ruine volontaire,
ne laissera donc plus si facilement échapper
à nos intérêts ces caractères déplorables et me-

naçants qui se résument en un seul fait : « *L'état
actuel de l'agriculture.* »

Le pire n'est pas la critique des engrais livrés
à la consommation, mais bien le système agricole
qui limite leur marché par son dédain, permet la
fraude par son ignorance des valeurs réelles, et
qui insouciant sur ce qu'il a perdu en fertilité
normale, et sur ce qu'il lui importe de reconquérir,
s'attache uniquement à l'accessoire, aux causes
isolées de régénération ; et sollicite ainsi les améliorations mécaniques, l'assainissement, le crédit
non motivé, pour répandre vainement ces forces
nouvelles sur le sol épuisé ; lequel, dans la logique
naturelle, demande d'abord, et avant tout, la substance ; puis subséquemment, ces améliorations si
utiles en leur temps et lieu.

Afin de saisir efficacement le mouvement qui
s'opère touchant les engrais, il ne faut donc pas
s'en tenir à l'étendue de leur commerce et de la
fraude d'aujourd'hui ; ce serait condamner l'avenir à notre condition rétrécie. Bien loin d'amoin-
drir la réforme nécessaire pour assurer des ressources matérielles à la culture, il faut au contraire l'étendre dans la mesure des besoins réels,
d'une application générale, et d'un état, non pas

tel qu'il est, mais tel qu'il peut et doit être un jour.

Or, en n'envisageant que la fraude des engrais, on réduit la réforme à la moindre proportion de la question, on manque l'objet principal; si la fraude doit servir à quelque chose, c'est à procurer l'occasion d'établir *une législation moralisatrice autant que répressive, un commerce réel, un marché d'engrais, reposant sur un principe commun, sur des unités de valeur intrinsèque et courante, définies, applicables enfin à toutes les formes, à tous les états que les engrais peuvent affecter.*

S'il ne s'agissait, comme le pensent, comme le disent ceux qui poursuivent aujourd'hui la répression de la fraude des engrais, que de cette fraude même, nous l'abandonnerions à l'article 423 simplement; mais puisqu'il est certain que l'agriculture est appelée à son corps défendant, pour ainsi dire, à réprimer la déperdition des engrais, à les employer en des proportions qui seules limiteront sa fécondité et son revenu, alors il s'agit, non plus d'une répression simple, mais d'une *institution* manquant à l'économie rurale et qu'une législation spéciale peut établir, si elle s'étend aux proportions de la question.

Notre objet pratique est maintenant énoncé dans son entier; depuis quelques années, nous cherchons à faire prévaloir le système naturel de la culture : la substance restituée au sol, en proportion de son épuisement; l'engrais comme principe de la fécondité; les améliorations mécaniques et le drainage, comme condition d'activité parfaite de la matière fertilisatrice. Nous avons déjà proposé, à plusieurs sociétés d'agriculture (1), des moyens d'augmenter la quantité des engrais, d'assurer leur valeur, de la déterminer et de réprimer à la fois leur sophistication et l'incertitude qui préside à leur achat. L'Union agricole (2), du Sud-Est de la France, a adopté, dans son premier travail, les moyens que nous lui avions suggérés, et depuis elle a poursuivi la réalisation d'un progrès qu'on peut considérer comme *la condition d'existence de l'agriculture*.

Nous espérons hâter encore par ce travail une

---

(1) Mémoire à la Société d'agriculture de Boulogne-sur-Mer, novembre 1850.

(2) Voir mon article sur la fraude des engrais et sur leur valeur réelle, dans les Annales de l'Union agricole, première livraison, juillet 1850. — Paulin, éditeur, rue de Richelieu, 60.

réforme que l'état de l'agriculture rend essentiellement nécessaire ; au moins nous aurons donné aux cultivateurs un ensemble d'idées exactes sur l'importance des engrais, le type, l'unité de leur valeur ; et, s'ils exercent eux-mêmes un contrôle direct sur le marché de ces matières, la question sera résolue.

Créteil, près Paris, 25 mars 1851.

Au Congrès central d'Agriculture de France.

L'examen des engrais commerciaux conduit à les considérer comme portant préjudice à l'agriculture, et se résume en une accusation.

Le sol est pour l'industrie des engrais une proie, une surface abandonnée au fisc tout particulier dont elle le frappe librement; l'occasion d'un échange, assez singulier, au moyen duquel *la stérilité est livrée, au poids ou à la mesure, contre de l'or.*

On pourrait prendre ces faits comme exceptionnels et particuliers à ces *engrais microscopiques,* dont la pensée industrielle est, tout sim plement, *un coup de fortune combiné sur la tentation du prodige, des prix exorbitants rendus tolérables par l'emploi réduit à des doses infinitésimales.*

Cette application exclusive ne répondrait pas à la profondeur, à l'étendue de l'immoralité du commerce des engrais ; elle n'éveillerait pas l'attention sur les grandes administrations, sur les adjudications sérieuses, sur le commerce permanent, qui, forts du monopole, de l'habitude, trafiquent de la substance fertilisatrice, sans égards pour sa valeur intrinsèque, sans *merci* pour les intérêts de l'agriculture et livrent des masses inertes *dites poudrettes, noirs résidus de raffinerie, sang, engrais animalisés,* qui, *sous un volume considérable, ne contiennent pas moins la substance utile, à des doses également homœopathiques;* ainsi l'art du commerce des engrais consiste à varier à l'infini dans sa manière de tromper; mais, quelle que soit la dénomination des engrais destinés à la vente, même le *guano,* l'objet constant est de réduire, par le traitement, par la fabrication, la valeur normale des substances qui intéressent la culture, de les mélanger de matières inertes, étrangères, et surtout de très peu de prix.

Il y a donc là *fraude avérée*, *systématique et*, *comme on voit, générale.*

Cependant on ne s'attache en ce moment qu'aux faits isolés ; on n'envisage que l'importance de la fraude actuelle ; on omet, surtout, d'estimer les pertes qui résultent de cet état de choses, par les conséquences qui limitent les marchés des engrais à un chiffre presque indifférent, causent dans la production une dépression relative, amènent l'absence d'engrais par l'existence d'engrais illusoires, et condamnent la culture à un système forcé, bien qu'improductif.

Aussi, demandons-nous à ceux qui, *par leur science* et *par leur institution*, représentent les intérêts de l'agriculture, de s'enquérir sur un commerce qui lèse gravement la classe laborieuse qu'ils sont appelés à soustraire, non seulement à la fraude des matières premières de la production agricole, mais aux résultats de cette fraude ; résultats incomparablement plus fâcheux, puisqu'ils tendent à rendre la déperdition de ces matières de plus en plus générale, à mesure qu'elles deviennent de plus en plus illusoires, vu la progression des sophistications dont elles sont l'objet.

Les Sociétés, les Comices, le Congrès central

d'agriculture, connaissent trop le rang que les engrais réels doivent occuper dans l'économie agricole pour ne pas frapper de leur réprobation les engrais illusoires, pour ne pas hâter de toutes leurs forces la réalisation du vœu émis par le *Conseil général de l'agriculture, des arts et du commerce* (1), relativement aux dispositions pénales applicables au commerce des engrais.

L'urgence d'une législation spéciale à ce sujet, résulte autant de l'examen des faits que de l'aveu général, et si cette mesure demeure aussi tardive que nécessaire, c'est qu'on a bien signalé les délits, mais sans offrir un *principe* assez *constant*, et en même temps assez *général*, pour atteindre *la fraude* sous toutes ses *formes*, sous tous ses *états; ce principe le demandera-t-on à l'agriculture ?*

On ne saurait se dissimuler que si une législation est urgente, c'est non seulement vu l'importance de la fraude des engrais, mais aussi, mais surtout, parce que le cultivateur ne possède aucun contrôle servant à déterminer leur valeur; qu'il ignore, *quand, comment, pourquoi il est*

(1) *Moniteur*, 21 avril 1850.

trompé ; qu'il préfère les masses à la substance utile, qu'il croit aux vertus fertilisatrices, et, par contradiction, aux doses infinitésimales ; qu'en un mot, il se condamne lui-même à payer et à essayer l'impossible, le faux, et sait qu'il s'est trompé quand sa récolte est mauvaise, quand sa ruine est assurée.

La condition vague de l'économie agricole n'est toutefois esquissée qu'à peine par ce qui précède, par le manque de tout contrôle sur les éléments mêmes de la production. Jusqu'ici l'absence de données exactes a été la cause originelle de l'erreur ; mais avec quelle inquiétude ne doit-on pas envisager cette condition tout à fait subversive, dans laquelle on se place volontairement, transformant l'erreur en principe, pour arriver à un système de culture reposant sur une restitution partielle des matières enlevées par les récoltes, et, par conséquent, sur la détérioration du sol pour la différence.

Je ne parlerai pas du point de vue de la propriété qui, loin d'être, selon la pensée du bail, chose essentiellement immeuble, devant être rendue intacte sans moins value, est au contraire l'objet d'une dépréciation égale à la totalité des denrées exportées de la ferme sur le marché ; mais je ne crains pas de dire que l'assurance même de l'existence humaine ne repose que sur une question de temps : dès lors que la déperdition des matières fertilisatrices existera dans les mœurs, sera comme récemment autorisée (1), et que l'agriculture pensera rétablir l'équilibre de ses forces productives par le résidu de l'alimentation des bestiaux, exclusivement des débris de l'organisme et des produits de l'alimentation générale.

C'est assez montrer que, pour nous, la question des engrais est loin de se résumer à une simple mesure contre la fraude, car cette fraude accuse surtout l'agriculture dans ses connaissances comme dans son système d'économie.

Nous cherchons donc ici à établir un *principe*, et *subséquemment à réprimer ;* en un mot, la législation que nous estimons devoir être efficace a pour condition : d'arrêter les *idées du cultivateur tou-*

______

(1) Ordonnances de la Préfecture de police de la Seine, 1er janvier 1851, contre lesquelles nous avons adressé un mémoire au préfet, démontrant que la perte des urines compromettait l'agriculture sans compensation pour la salubrité.

Voir aussi mon article dans l'*Écho agricole*, 25 janvier 1851.

chant les engrais sur un type unique servant à tous de contrôle, et déterminant de fait leur valeur intrinsèque et relative.

S'il semblait tout d'abord que la législation ainsi conçue eût plutôt le caractère d'une organisation, d'un principe, d'un règlement, d'une manière d'être, d'un commerce normal, que d'une loi, nous observerions que l'examen de la question du commerce des engrais conduit à considérer la répression pure et simple de leur sophistication comme impossible, ou comme applicable à quelques engrais plus parfaitement définis que d'autres ; que, d'ailleurs, la fraude n'existe que relativement à une manière d'être normale et déterminée, que chaque matière doit posséder pour se prêter aux dispositions d'une loi répressive, quant à la fraude ; que, par conséquent, si on faisait une loi directe pour la fraude, il manquerait une condition exécutive à cette loi, soit un principe ; or, c'est précisément ce principe qui sera développé dans cet ouvrage et qui donnera à la législation des engrais, uniformité d'exécution, en même temps que le contrôle pourra s'exercer à l'égard de tous les engrais, pour toute vente, pour tout acheteur.

Ainsi, une réforme d'un haut intérêt, en assurant aux cultivateurs des engrais réels, ferait bientôt désirer que la déperdition des matières fertilisatrices fût sévèrement réprimée; et je laisse à juger aux corps qui représentent l'agriculture, faisant appel à leur expérience, ce qu'elle acquerrait en liberté, quant à ses assolements et choix de culture, en production de tout genre, par la stricte économie des résidus de l'alimentation dans les grandes villes; résidus qui, joints au fumier, serviraient à faire une synthèse complète des récoltes, en sorte qu'alors le sol ne serait plus que le *medium* de la végétation.

Tel est le résultat qu'on doit attendre de la législation proposée dans ce travail que j'adresse *aux corps compétents comme science, comme influence, comme pouvoir*, avec la confiance que m'inspire l'objet de leur institution et leur dévouement à la cause agricole, qui se confond à tant d'égards avec celle de l'humanité.

Créteil (près Paris), 1er avril 1851.

DES ENGRAIS

CONSIDÉRÉS DANS LEURS RAPPORTS AVEC LA PRO-
DUCTION AGRICOLE, LE CHEPTEL, LE CAPITAL
D'EXPLOITATION, LE REVENU, ET COMME CONDI-
TION DE L'AGRICULTURE.

§ I.

L'ordre des éléments chimiques et mécaniques
de la production agricole est tellement vague,
tellement interverti dans l'opinion, qu'il est tout
à fait indispensable de rétablir les rapports avant
d'entamer la question pratique, qui, sans cela,
serait, pour les uns, d'un intérêt relatif, non pas
à son importance réelle qu'on ignore, mais à l'importance pour ainsi dire de concession qui lui est
accordée, tandis que pour d'autres, elle resterait
tout à fait sans poids.

Ne voit-on pas d'ailleurs que les systèmes et
l'exclusion en agriculture ébranlent cet ensemble

de forces physiques et chimiques, auxquelles la production se rattache et se mesure; et que, pour avoir attribué aux unes ou aux autres la prééminence, et négligé l'un des membres de ce système physiologique d'activité, on est arrivé à la paralysie du corps tout entier, à l'état actuel de l'agriculture.

Il faut donc reprendre les choses de plus haut, avant de traiter de la réforme du commerce des engrais; il importe de leur assigner un rang parmi les causes de la production, de déterminer les rapports d'urgence des améliorations physiques, mécaniques et politiques auxquelles l'agriculture se rattache successivement sans saisir un point d'appui.

De fait, vingt-deux millions d'individus occupés à la production agricole semblent condamnés à un vain labeur, dans le but de procurer la *vie à bon marché* aux douze millions d'individus représentant l'autre partie de la population. Ou bien, en renversant le problème, cette dernière partie de la population doit accepter *une production agricole onéreuse, la vie trop chère,* afin que la culture trouve une indemnité pour son travail.

Tel est le cercle vicieux dans lequel l'économie politique se trouve resserrée sur ce sujet, qui comprend, dans un même danger, l'existence et le revenu.

D'aveugles médecins semblent avoir à tâche de prolonger l'état anormal de l'agriculture, en localisant son malaise, précisément là où elle souffre le moins, en un point qui, bien qu'affecté, ne saurait réagir sur l'organisme général et entraîner de telles conséquences.

La puissance à laquelle la valeur de la propriété s'est élevée, l'impôt, le grèvement hypothécaire, les droits de mutations, ont naturellement affecté le budget de l'agriculture. L'état des voiries, le péage des canaux, sont sans doute des charges pour elle ; l'absence totale du crédit, les baux aux enchères, conséquemment, paralysent ses mouvements ; le drainage, les améliorations mécaniques, appliqués aux terres dans lesquelles une condition défavorable s'oppose au développement de la végétation, réaliseraient un incontestable progrès ; mais l'agriculteur éclairé, l'économiste sérieux, peuvent-ils croire que l'état actuel de l'agriculture se rattache à la plus-value de la propriété, à une cause unique, cause sans proportion avec son effet supposé, ou que le remode est attaché à quelques changements dans les conditions extérieures de l'exploitation rurale?

Si on dispense l'agriculture de l'impôt, si on abaisse la valeur de la propriété, chose au moins très arbitraire, sera-t-elle effectivement soustraite aux causes réelles de son marasme? Je veux bien supposer un instant un système économique qui lève les difficultés d'une production onéreuse, en retranchant du capital d'exploitation quelques-uns de ses éléments directs; je veux bien imaginer qu'un entrepreneur, ayant élevé un monument sans économie, rectifie ses erreurs, en ne payant pas les matériaux de construction, en s'affranchissant de toutes charges; mais alors je veux peser, en ce qui regarde l'agriculture, l'allégement qu'elle trouverait par ce système inqualifiable.

Si on porte la valeur de la propriété, en moyenne, même à plus de 1,400 fr. l'hectare, pour la réduire ensuite à 550 fr., on exonèrerait la culture de 22 fr., et par l'abolition de l'impôt on réduirait ses charges de 2 fr. 47 c., soit 24 fr. 47 c. par hectare en somme.

Je demande alors si l'agriculture serait possible? Qu'est-ce qu'une prospérité onéreuse à la propriété, nulle pour le revenu? La réduction du

capital d'exploitation, opérée par d'aussi étranges
moyens, aurait-elle la prérogative de résoudre la
question du crédit agricole, dans des circonstances où ce crédit serait de plus en plus moins motivé, tant par l'absence d'une amélioration réelle,
que par le système de désorganisation complète
dans lequel on s'engage ici, sans pouvoir arrêter
la succession rapide des sacrifices, conduisant à
la non-valeur absolue?

C'est une grave erreur que de déduire de la
valeur de la propriété, de l'impôt, des institutions exclusivement, un état de choses tel que la
production agricole semble ne devoir être rému-
nérative qu'en raison de la protection et de l'exception. Quand les valeurs s'accroissent en dehors
du cercle dans lequel l'agriculture est circons-
crite; quand l'industrie, les arts trouvent la condition même de leur progrès dans cet équilibre,
l'agriculture seule resterait inaccessible à ce
mouvement et acquerrait le droit de demeurer
stationnaire par la prétention à des prix fermes
pour ses produits, ou par un droit de contribution?

Non, la protection et l'exception, dans le sens
donné plus haut, ne seront jamais des bases pour
l'agriculture; protégée et exceptée dans le sys-

tème commercial général, elle restera faible, privée du concours, non seulement du capital, mais du travailleur, et son impuissance personnelle l'asservira de plus en plus.

Je conclus à l'inefficacité de tels remèdes, et si quelques esprits, habitués à ne voir en toute question que le gouvernement, s'adressent au budget, puis au pouvoir, pour requérir d'eux une condition d'existence factice pour l'agriculture, nous nous adresserons au contraire à l'agriculture elle-même, lui demandant compte de l'emploi de ses forces, soumettant au calcul les rapports de leur intensité et du résultat produit.

Si l'agriculture était pour moi chose passive, si du travail grossier au travail intelligent, de la déperdition à l'économie, de l'ignorance à la science, les degrés n'étaient pas marqués par des progrès, par une échelle croissante dans la production ; en un mot, si l'agriculture n'était pas une puissance aussi bien que l'industrie, je me résignerais à adopter ses résultats actuels, comme produit et comme revient, ainsi qu'un fait indépendant de l'action humaine, et je trouverais seulement dans une condition fatale une raison suffisante de réduire la propriété à la valeur que lui donnerait une moyenne de production infranchissable.

Mais de semblables doctrines sont trop hautement démenties par l'expérience, pour mériter même l'attention ; et si nous continuons à nous en entretenir davantage, c'est afin de rendre palpable l'inefficacité de tout système tendant à résoudre le problème de la culture, autrement que par l'emploi plus légitime, mieux ordonné, des forces qu'elle anéantit dans un résultat sans proportion, c'est-à-dire par tout autre moyen que l'amélioration réelle, matérielle de son économie.

Que la propriété subisse une réduction marquée dans sa plus-value actuelle, ce ne sera qu'un fait isolé, au lieu d'une amélioration générale ; en quoi les quinze millions d'hectares cultivés par des métayers, et les vingt millions exploités par les propriétaires eux-mêmes, en quoi, dis-je, profiteraient-ils de la moins-value de la propriété, autrement que d'une manière conventionnelle ? Il est certain que ce *rêve économique* n'apporterait de modification que pour les propriétés à rentes fixes, représentant à peine un quart des terres en culture.

Au reste, quel que soit le système qu'on in-

vente pour éviter la conclusion que *l'état de l'a-
griculture est un fait qui lui est personnel, par
conséquent, qu'en elle seule est le remède*, on sera
forcé de revenir à cette sentence accusatrice, si on
veut d'ailleurs éviter que la *production agricole
soit onéreuse au consommateur*. Effectivement,
ceci conduit directement à la question de la protection et du système du libre-échange, questions
qui sont également résolues par la réforme agricole, par la progression de puissance, d'activité
de production, par la supériorité économique et
qualitative, qui, une fois atteintes, valent d'elles-
mêmes la protection, et feraient rechercher l'é-
change; tandis que des deux systèmes de commerce, pris l'un ou l'autre comme capables de
relever l'agriculture d'une condition matériellement fausse, du marasme de la production, n'auraient pour effet, l'un que de prolonger l'agonie,
l'autre d'accélérer la ruine définitive, étant également inhabiles à produire ou mieux ou davantage, ou encore plus économiquement.

Analysons donc la production elle-même, cherchons ce qui épuise, ce qui énerve toutes les forces de l'agriculture, ce qui limite sa puissance,
sans réduire son budget.

§ II.

Il résulterait du calcul que la composition du budget de l'agriculture se résume à une production totale de. . . . . . fr. 5,600,000,000

A une dépense, consistant en capital d'exploitation, rentes et impôts, de . . . . . fr. 5,457,010,855

Au fait, ce résultat est négatif; l'agriculture nourrit vingt-deux millions d'individus, dont le travail lui est acquis; elle couvre ses dépenses, et voilà tout. En somme, le blé étant à 15 fr., le sol le plus productif, placé sous le plus propice climat, produit pour quarante-six millions d'hectares ce que quinze millions d'hectares donnent à l'Angleterre. En moyenne, l'hectare en France donne la valeur de 8 1/4 hectolitres de blé, tandis que la même surface fournit au moins 24 hectolitres 3/4 dans la Grande-Bretagne.

Telle est la condition peu rassurante de la culture en France, condition qui pourra bien être acceptée comme fait immuable par quelques économistes étrangers aux causes matérielles de la production et servir d'argument à leurs systèmes, de thèse à leurs remèdes qui cherchent la maladie ; d'autres, au contraire, mettront en question la méthode, l'économie agricole elle-même, et décomposeront ce budget tout à fait anormal, certains de découvrir ainsi les causes immédiates d'une production si faible, qu'elle couvre simplement des dépenses évidemment disproportionnées.

Nous ne dirons pas *tout est dans la dépense ;* il serait désirable que le budget de l'agriculture fût plus que doublé, à charge d'obtenir par ces mises, dont le chiffre en lui-même est indifférent, une augmentation de production. Mais de ce que la dépense n'est qu'un prêt, de ce que l'importance de ce prêt fait préjuger de l'intérêt qu'on doit en attendre, en toute opération rationnelle ; il ne s'ensuit pas que le fait réponde au principe, si l'aplication est fautive ; ainsi, *tout est dans la manière de dépenser.*

Les dépenses sont aisément détournées de leur objet principal, ce qui fait que leur justification n'existe que dans le résultat actuellement atteint ; elles peuvent être strictes en elles-mêmes, et, cependant, nulles dans leurs effets, il suffit pour cela qu'une condition de succès vienne à man-

quer à un ensemble d'ailleurs économique et conséquent.

Or, acceptant la décomposition du capital d'exploitation dans la culture comme un fait, qui plus
est comme un fait immuable, car il faut payer la
rente et l'impôt, vivre et payer le travailleur,
nourrir les bestiaux, etc., etc., je crois qu'il est
aisé de démontrer que la condition matérielle du
succès, que le seul moyen de faire fructifier le
prêt fait au sol, manquent précisément aux opérations agricoles, et font défaut dans l'étendue de
la culture générale.

Donner son capital avec la même facilité, dans
la même proportion au débiteur solvable ou insolvable, jeter dans les sillons de l'incertitude,
dans le sein de la terre appauvrie, ou bien dans
le sol le plus fertile, la même mesure de semence,
développer sur des surfaces différentes en nature
la même activité, c'est marcher à une ruine volontaire, surtout s'il était donné d'assurer par
un moyen certain le rémboursement du prêt, de
faire que *la fertilité soit le résultat d'une opération agricole mieux entendue.*

Or, au dire des cultivateurs, par le fait même
d'une production de 8 1/4 hectolitres à l'hectare,

l'agriculture est, au prix actuel des céréales, pour ainsi dire insolvable à son propre égard. Est-ce le lieu d'augmenter son crédit motivé sur son insuffisance ? et faut-il s'étonner que le capital résume la question par cette sentence : « *L'agriculture est impossible* » (1).

On verra bientôt que si dans la condition dont nous développons la cause, le crédit agricole effectivement est impossible, il deviendra, quand la méthode naturelle de la culture aura prévalu, un emploi plus noble et plus profitable que celui dans lequel le capital du pays vient se déverser aujourd'hui, avec d'immorales chances, de sinistres revers, qui pourtant servent de *thermomètre politique*.

Actuellement la solution du problème agricole ne tient certes pas au crédit, car si le capital de l'agriculture est insuffisant pour défrayer la production moyenne, qui tout au plus couvre la dépense, le défaut de crédit causera bien un point d'arrêt, mais son secours ne modifiera pas la condition. Dans le système assignant pour cause à l'état de choses le manque d'argent, l'erreur con-

(1) Conclusion d'un financier de l'époque.

siste en ce qu'on attribue au capital une valeur
pour ainsi dire comme substance, capable de réagir sur la fertilité directement, tandis que, comme
cause immédiate de production, le capital est
inerte et vain, qu'au contraire, si les circonstances de la production se trouvent réunies, alors
le capital, le travail, acquièrent par là toute leur
valeur.

Excluons donc toutes ces considérations, soit
de valeur territoriale, d'impôt, de capital, de travail en participation ou à gages fixes, d'améliorations mécaniques, objets qui, modifiés tant
qu'on voudra, n'apporteraient aucun changement dans le fait principal ; à moins de s'offrir
à l'agriculture sans intérêt, en sorte qu'une production sans charges, devienne alors, sinon rassurante, du moins profitable au cultivateur, ou
seulement possible.

Bien au contraire, qu'on arrive à démontrer
que le problème agricole consiste dans *la fixité
des dépenses, la production restant la même en
plus ou en moins* ; qu'on arrive à doter l'agriculture des moyens de multiplier à volonté les
causes matérielles de la production ; alors, et
pour la première fois, les améliorations dont nous

parlions tout à l'heure viendront en leur ordre et seront susceptibles de recevoir une application utile, une solution motivée.

Ainsi, tout se résume, non pas au manque d'argent, mais au manque de matières que la matière seule peut combler.

A ce fait se rattache directement toutes les souffrances de l'agriculture, tont le problème de la production nécessairement onéreuse au consommateur ou bien au travailleur ; aussi chercherons-nous à rendre cette conclusion palpable dans la mesure des limites de ce travail.

On admet que le sol ne produit pas indéfiniment de lui-même, ce qui revient à prendre la fertilité comme étant une qualité pondérable, définie, susceptible d'augmentation ou de décroissance.

Maintenir la fertilité dans son état normal est l'objet de l'agriculture, art d'économiser la substance.

Dans ce but, à quel système d'économie matérielle s'est-on arrêté dans la pratique, sur quels principes exacts base-t-on l'assurance due au pays, que la source du bien-être général ne cour

pas risque de se tarir, que cette fortune intrinsèque, dont toutes les valeurs de circulation ne
sont que l'expression représentative, ne subit
aucune malversation ; qu'elle est gérée, adminis-
trée avec l'intelligence voulue pour qu'en aucun
cas elle ne soit comme une valeur morte, dont
l'inactivité temporaire comprime les besoins, ou
que dans ses transformations diverses, elle n'é-
chappe pas, sans recours, à l'agriculture ?

A cette grave enquête, on répondra qu'une
surface étant donnée, soit dix hectares; le tiers
ou la moitié étant mis en prairies, en culture
destinée exclusivement à la consommation locale
des bestiaux, tandis que l'autre partie de la
même surface est cultivée pour le marché, pour
la consommation extérieure, on trouve dans les
déchets des récoltes consommées sur place, dans
les résidus de l'alimentation des bestiaux, une
somme de matières équivalentes à l'épuisement
de la surface entière, bien que ces résidus ne
proviennent que d'une partie de la récolte : et
c'est là le système réparateur qu'on ose appeler
même « *multiplication du fumier !* »

Il ne faut pas d'engrais du tout, ou bien l'engrais suffisant doit représenter aussi toute la ré-

colte livrée au marché, à la consommation extérieure ; ainsi donc, la suffisance des déchets de la
ferme n'est soutenable en aucun point, bien
qu'étant un fait de pratique générale et d'erreur
commune.

Dans le bon sens, si cinq hectares peuvent rétablir la fertilité normale de dix hectares, c'est
que la matière se crée d'elle-même incessamment;
mais cette création spontanée ne saurait être spéciale aux prairies, aux cinq hectares destinés aux
bestiaux, et doit pareillement avoir lieu sur les
autres cinq hectares destinés au marché, d'où
l'usage du fumier deviendrait un luxe inutile. En
physiologie, les matières alimentaires, loin de se
multiplier dans l'acte de la digestion, sont émises
subséquemment en quantité moindre, dans la
proportion des quantités assimilées et des quantités perdues par la respiration et l'évapora-
tion cutanée ; voilà pour la multiplication du fumier. En chimie nous allons rencontrer des conclusions analogues, des résultats de la balance ;
elle nous montre que, d'après le nombre des bestiaux existant en France, la totalité du fumier
produit représenterait :

En azote, 598 millions de kilogrammes.

En phosphate, 414 millions de kilog. (1).

Que, d'autre part, les déchets de l'alimentation hors de la ferme, les débris de l'organisme, toutes matières qui, dans le système de la *suffisance du fumier, résidu de ferme*, sont indifférentes et par conséquent perdues, représentent, en somme :

Azote, 75 1\2 millions de kilog. (2);

Phosphates, près de 179 millions de kilog. (3).

Ces chiffres ne laissent aucun doute que la récolte générale a dû trouver, dans le sol exclusivement, 593 millions de kilog. de phosphates ; et, dans le sol et l'atmosphère, 675 1\2 millions d'azote. De même, il est évident que le fumier n'a rétabli que partiellement l'équilibre, avec une différence considérable, différence qui, multipliée chaque année, s'exprime par une décroissance graduelle de production, par l'anéantissement progressif, lent si on veut, mais certain, du capital réel de l'agriculture ; système qui rend la propriété illusoire et l'avenir de la culture ruineux, en établissant, comme principe, une pratique essentiellement subversive dans laquelle la produc-

---

(1) Voir, page 44, mon tableau des produits de l'alimentation.
(2) Tableau des produits de l'alimentation.
(3) Id.

tion tend, en somme, à décroître, tandis que le travail, le capital d'exploitation restent les mêmes.

Je sais toute l'opposition que rencontreront ces réalités, mais je crois qu'elles ne trouveront pas de réponse logique, mathématique.

Il me semble donc qu'en dernier ressort la déperdition des matières fertilisatrices au dehors de l'exploitation rurale, le système incomplet, insuffisant des fumures, sont les causes premières de la condition de l'agriculture qui, elle-même, volontairement, librement, se condamne à la production onéreuse.

Mais ce sujet est trop important pour qu'il nous soit permis de l'abandonner aux réflexions qu'il doit inspirer, sans l'appuyer de données statistiques, qui serviront à relever les chiffres précédents, et à placer la substance, la matière, au rang principal qu'elle doit occuper dans l'opinion comme dans la pratique agricole.

§ III.

L'estimation de la valeur des propriétés, aujourd'hui trop arbitraire, reposera un jour sur la composition élémentaire du sol, sur les co-efficients de la substance actuelle pour un poids donné, multiplié par la profondeur du sol, toutes circonstances locales étant d'ailleurs prises en considération.

C'est-à-dire, en indiquant la méthode d'estimer la valeur intrinsèque du sol, qu'elle consiste principalement dans le dosage, et non pas dans l'étendue, c'est reconnaître par là que le véritable capital fixe, et en même temps le capital de circulation de l'agriculture, sont tous deux également matériels ; enfin, c'est énoncer d'une manière positive que l'administration rurale a pour objet d'accroître ce capital fixe, au moins de ne pas aventurer ce capital de circulation qui tour à tour vient, ou limiter la production, ou la réduire au point de rendre le travail qu'elle nécessite une espèce de condamnation.

Ces rapports sont tellement étroits, ils se prêtent si bien à la balance, qu'il suffirait de savoir la composition du sol, son rendement, la méthode de fumure, pour préciser l'époque où ce sol sera complétement improductif, où la valeur de la propriété sera égale intrinsèquement à zéro.

Arguera-t-on de la question de temps, imprévoyance systématique, qu'on n'éloignerait la con-

séquence que de la pensée, sans éviter ses atteintes sur de très prochaines générations.

J'ai calculé que supposant au sol une valeur
matérielle, bien au-dessus de celle qu'il possède
et exprimée par les chiffres suivants par hectare :

Phosphates. . . . . 19,500 kil.
Soufre, chlore. 600
Silicates alcalins. 55,400
Azote. 50,000

Cette valeur intrinsèque du sol représenterait
une production totale ou une durée, à raison de
10 hectolitres à l'hectare, égalant :

PRODUCTION ABSOLUE EN BLÉ.

Pour phosphates. . . . . 8,923 hectol.
Soufre. 3,846
Silicates alcalins. 12,940
Azote. 12,820
                               ____
                               38,499

DURÉE A 10 HECTOLITRES DE BLÉ A L'HECTARE.

Phosphates. . . . . 892 ans.
Soufre. 384
Silicates. 1,290
Azote. 1,282

Cet exemple est pris sur une terre vierge, contenant pour cent beaucoup plus d'azote, de phosphates, de sels, que le fumier lui-même; c'est un exemple choisi dans les meilleures circonstances, et qui cependant montre que la fertilité est une qualité essentiellement pondérable, dont l'équilibre est promptement rompu, ainsi que les terres de la Virginie, de l'Italie ancienne, en donnent l'exemple empirique au lieu de preuves raisonnées.

Qu'au lieu de cet exemple *exceptionnel*, on applique le même calcul aux terres cultivées depuis dix-huit siècles, sur un système d'épuisement, ou ce qui revient au même, de restitution partielle, alors les siècles deviendront des années, puis l'état actuel; enfin, ils feront toucher les limites de la production.

Que le système d'entretenir la fertilité par elle-même ne fait que retarder la réalisation *de ces menaces trop réelles, trop prochaines*, c'est non seulement ce qui résulte des chiffres qui vont suivre; mais, quand bien même les résidus extérieurs seraient restitués à l'agriculture, la synthèse des récoltes serait encore loin d'être complète, la valeur intrinsèque du sol subirait encore une dépréciation, moindre sans doute, et cependant très sérieuse.

L'addition de ces résidus de l'alimentation générale jointe au fumier de ferme, réaliserait incontestablement un immense progrès, elle rendrait en somme à l'agriculture plus que toutes les charges de rentes et d'impôts réunis n'effaceraient par leur abolition de son budget; mais, dans nos mœurs, mais dans le système physiologique de l'alimentation, une partie considérable des aliments, par conséquent des récoltes, aurait même alors disparu et réduit ce que nous avons appelé le capital fixe et matériel de l'agriculture.

Comme preuve de déperdition, inévitable, même si les fumures se composaient des résidus de la ferme et de ceux du marché, on a les chiffres suivants, et j'appelle toute l'attention des économistes sur ces rapports;

La totalité des phosphates enlevée par année au sol, la production estimée en blé à 8 1/4 hectolitres, s'élève à. . . . . 827,856,000 kil. (1).

Le fumier et les engrais

(1) Sur mes analyses de froment, la paille comprise.

extérieurs, donnent . . . . . 592,744,674 . . (1).

Déperdition annuelle en
phosphate . . . . 255,144,526 kilogr.

Voyons maintenant quel est l'état de déperdition dans notre système actuel.

L'importance du fumier de ferme produit dans toute la France se trouve très aisément.

Pour	Bestiaux		on obtient, en fumier, mètres cubes.
Espèce bovine,	9,956,558		150,000,000
— chevaline,	2,818,496		42,277,440
— ovine,	52,154,450		16,000,000
— porcine,	4,910,724	et divers résidus,	20,000,000
	Total du fumier,		228,277,440

Ce chiffre de production du fumier en France, jugé par les cultivateurs les plus empiriques, exprime vraiment toute l'inhabilité du système agricole du temps, même du point de vue de ce même système ; ainsi, la fumure moyenne serait seulement de 5 mètres cubes à l'hectare : or, qu'attendre d'une telle répartition ?

Quant à la statistique des matières principales dont la déperdition s'opère en dehors de la ferme, elle nous a coûté beaucoup de peine à

(1) Voir le tableau, page 44.

établir, tant pour arriver à des relevés quantitatifs, que pour déterminer leur valeur analytique.

Les quantités trouvées sont établies sur nos études des voieries de Montfaucon et de Bondy, des abattoirs généraux, des abattoirs de chevaux, etc., etc.

Produits de l'alimentation, des arts, et de leurs déchets en France.

DESIGNATION.	POIDS A L'ÉTAT SEC.	VALEUR EN AZOTE.	PHOSPHATES.
	kilogr.	kilogr.	kilogr.
Sang (bouillon Oss.)	47,095,860	2,892,680	165,290
Intestins	41,076,216	6,261,450	410,762
Intérieur des panses . .	24,157,280	1,206,860	605,432
Cornes et Sabots . .	5,425,015	581,910	54,250
Laines (1)	45,000,000	7,510,000	107,500
Peaux	51,494,765	4,723,755	514,917
Chair musculaire des chevaux. . . .	5,504,000	805,600	200,000
Os	185,376,296	10,972,182	124,905,534
Vidanges sur les quantités actuelles de Bondy	320,444,000	40,643,980	85,000,000
Total des pertes		75,400.397	478,741,674
Fumier de ferme à 250 millions de mètres cubes . . .		598,000,000	414,000,000
Valeur totale des résidus de la ferme et de l'extérieur.		675,400.597	592,741,674

Comme conséquence de ce tableau, dans lequel un grand nombre de résidus importants ne se

____

(1) D'après le mémoire de M. de Gasparin sur *L'Éducation des Mérinos.*

trouvent pas, comme les cendres et les divers produits manufacturés, nous trouvons que nos pertes, *exprimées en fumier*, représentent :

Pour l'azote, près de 50 millions de mètres cubes;

Pour les phosphates, plus de 100 millions de mètres cubes.

N'y a-t-il pas lieu de s'étonner de voir engager, en cheptel, une somme énorme, dépensée dans un rapport fort important pour son entretien, tout cela dans le but d'obtenir 250 millions de mètres cubes de fumier, dont le prix de revient dépasse quelquefois la valeur des produits ; puis, de remarquer la profonde indifférence de l'agriculture pour tous ces résidus du tableau, dont la valeur est si élevée comme substance, dont les quantités sont énormes, dont la production est permanente?

C'est au moins une grave inconséquence, une inconséquence sans justification.

Pour ne pas revenir sur un fait général et menaçant, pour ne pas fixer durant combien d'années cette déperdition de 179 millions de kilogrammes de phosphates peut continuer sans réduire la production à zéro quand bien même les sels, l'azote ne seraient pas encore épuisés dans le sol, car la stérilité résulte d'un ensemble de composition devenu incomplet, ne nous arrêtons qu'à l'expression de ces pertes en blé, c'est-à-dire à l'augmentation dont leur économie serait accompagnée.

Nous trouvons alors que les phosphates annuellement soustraits à l'agriculture, pourraient donner, s'ils étaient rendus à la terre, plus de 80 millions d'hectolitres de blé ; ou bien, en faisant la répartition de ces 80 millions d'hectolitres sur le sol occupé par des cultures définies, soit sur 40 millions d'hectares, on trouve comme ils ne le sont pas, une diminution de la valeur intrinsèque de ces terrains dans la proportion de deux hectolitres, c'est encore une perte en espèces de un milliard deux cent millions.

Nous avons parlé, jusqu'à présent, de la matière agricole comme du remède unique et seul capable de relever l'agriculture, de préférence même aux moyens qui, quelques puissants qu'ils soient pour le sol doté de la substance, sont complétement négatifs en toute autre condition ; eh bien ! nous croyons avoir prouvé surabondamment notre pensée.

Si on effaçait du budget de l'agriculture les frais d'entretien des bestiaux, il s'abaisserait de un milliard quant à la dépense ; si la propriété se livrait sans charges, sans impôt, l'agriculture compterait 44 francs de moins pour l'exploitation par hectare ; eh bien ! l'économie de la substance perdue, offre ce milliard à l'agriculture et ces 44 fr. au moins par hectare.

Je n'ignore pas que le gaspillage, œuvre essentiellement agricole, crée le dédain des améliorations et leur oppose inévitablement l'incrédulité, objection qui, parce qu'elle n'est pas un raisonnement, doit être abandonnée à elle-même.

Mais on pourrait se demander, après s'être convaincu de la véritable cause de la production, si le progrès de l'agriculture, en ce qui regarde la *substance*, est nécessairement limité aux résidus généraux de l'alimentation ; enfin, il pourrait rester un problème à résoudre : le prix auquel on peut acheter l'augmentation des produits du sol.

Quant aux limites des ressources matérielles de l'agriculture, la géologie, la chimie, les arts tendent à les éloigner, sans qu'elles cessent toutefois d'être définies. Ce que nous avons dit de

l'importance d'éviter la déperdition des résidus
s'applique en un sens à l'obligation de recourir
au commerce, aux arts, aux manufactures, pour
y trouver les moyens de doubler, de tripler la
production. Les nitrates de soude et de potasse,
le sel commun, les sels ammoniacaux, peuvent
facilement, à un prix, assurer de grands résultats,
avec d'autant plus d'avantages, que le capital
d'exploitation ne suit jamais les rapports de l'augmentation réalisée par des mises convenables en
nature.

Quant aux prix des résidus et des matières
ayant la dénomination de produits chimiques,
les premiers seront toujours inférieurs aux se-
conds, parce qu'ils ne possèdent qu'une valeur,
qu'une application, tandis que les produits manufacturés auraient, quant à l'agriculture, une
double application et très probablement une valeur
proportionnelle.

D'une manière absolue, le prix de l'engrais
susceptible de donner un hectolitre de blé, compris la paille correspondante, ne saurait dépasser,
d'après mes calculs, la somme de 3 fr., c'est-à-
dire qu'avec cette dépense, et qu'en raison de la
quantité des résidus, deux cent quarante millions

dépensés en engrais, produiraient un milliard deux cent millions.

En établissant, ainsi que nous l'avons fait, l'importance de la substance en agriculture, la place que doit occuper son économie parmi les améliorations physiques, mécaniques et politiques, et ayant démontré que les existences d'engrais pouvaient répondre aux besoins, à un prix tout à fait admissible, nous espérons que non seulement la suite de cet ouvrage sera l'objet d'une attention plus vive, plus pratique, que si nous nous étions bornés à traiter du commerce d'une chose mise en question, mais que la *déperdition volontaire des matières fertilisatrices frappera l'agriculteur et les Sociétés d'agriculture, et que la répression de ces pertes occupera dans leurs pensées une place d'intérêt général.*

*Commerce et fabrication des engrais. — Fraudes,
abus de confiance et production onéreuse. —
Unité de valeurs, tarif, chantiers, vérification
et marché. — Législation spéciale.*

§ I.

Si le commerce des engrais est aujourd'hui peu
important, c'est dans son ignorance, dans ses
abus qu'il faut en rechercher la cause. Les produits ne sont imposés à la consommation que
d'une seule et unique manière, et c'est *par leur
utilité*. De la sorte, on s'explique et la difficulté du
placement des produits, et la dépression de ce commerce onéreux à la culture, qui ne succombe à
quelques transactions isolées que par le senti-
ment réel d'un besoin qui invariablement est
trompé, non seulement parce que de mauvais engrais n'ont aucun effet sur les récoltes, mais parce
que leurs propriétés négatives sont d'ailleurs dis-
pendieuses.

Fort heureusement l'abus ne saurait détruire le principe, et ce commerce réhabilité par une fabrication judicieuse, conforme aux données de la chimie agricole, placé dans une condition équitable, régi dans le but d'une production économique, est appelé, à charge d'exister dans ces conditions, à de vastes développements; de fait, il est indispensable à la culture raisonnée, *c'est une solution de l'économie agricole*.

Considérée en elle-même, la fabrication des engrais est la partie technique de la chimie agricole, partie encore trop incomprise. Il semble que cette fabrication se résume à une accaparation de substances de résidus divers, destinés à l'agriculture parce qu'ils n'ont pas d'autre usage. Sans doute, elle repose sur l'existence de matières premières. Mais d'abord, pour n'envisager que leur *choix*, que leur *traitement* le plus grossier, déjà des connaissances chimiques analytiques sont indispensables, afin de ne pas compromettre de prime-abord toute l'économie de l'opération par des erreurs en *nature*, et que la composition essentiellement variable des résidus rendrait si faciles. Puis viennent des *connaissances* intimes touchant les propriétés des mêmes résidus, connaissances sans lesquelles le traitement peut aisément se convertir en *dépréciation*, en pertes également matérielles, ainsi qu'il en sera donné des preuves. Peut-être viendra-t-il à la pensée de rappeler que déjà l'exemple de fabrications d'engrais, dirigées par des hommes supérieurs, n'a laissé qu'un fait d'insuccès. Ce fait ne servira qu'à relever encore, par les causes de cet insuccès, la fabrication réellement chimique et pratique, par opposition aux composés *arbitraires* ou *exclusifs* d'une science incomplète et d'une généralisation trop absolue. Il n'existe *qu'une seule théorie naturelle* de la végétation ; mais la chimie agricole, toute moderne, a dû enregistrer successivement des *théories diverses* ; chacune étant basée sur une vérité d'observation, toutes devenant isolément fausses dans l'application, parce qu'elles étaient exclusives. Cependant l'expérience, en faisant justice d'une généralisation, n'a pas ébranlé ce que ces théories avaient de vrai, et en réunissant les écoles, celles de Liébig, Dumas, Boussingault et Payen, on rentre dans le système naturel qui n'autorise point à distinguer, dans la composition des plantes, *des constituants inutiles et des constituants nécessaires*, faute dans

laquelle on était tombé en attribuant la fertilité
tour à tour à l'humus (*matière organique non
azotée*), à l'azote, aux phosphates, ou bien aux
matières inorganiques.

Il est aisé de s'apercevoir que nous rattachons
directement la fabrication des engrais à la composition des plantes, à leur analyse, et que pour
nous cette fabrication est une synthèse exacte et
complète; je dirais équivalente, si l'expérience
n'avait démontré que partie des aliments des
plantes est exclusivement tirée du sol (*matières inorganiques*), mais que la plante étant
amphibie, elle tire à la fois du carbone et de
l'azote, ou bien de l'acide carbonique et de l'ammoniaque du sol et de l'atmosphère.

Si jusqu'à présent la fabrication des engrais
n'a présenté aucune application scientifique, elle
ne saurait plus longtemps rester étrangère aux
calculs matériels et variés qui l'obligeront à formuler les engrais pour les récoltes dissemblables
en composition, avec d'autant plus d'avantage
que la restitution faite au sol sera complète sur
tout point, mais qu'encore des formules spéciales
éviteront au cultivateur de faire un emploi dis-
proportionné de matières, d'amortir son ca-

pital (1), quant à l'un ou l'autre des constituants des plantes ou des engrais.

Viennent enfin d'autres questions d'une grande importance pratique, et dont la solution est une application de la chimie.

La plupart des résidus, les plus importants d'entre eux, se rencontrent sous un *volume, sous un poids* si considérables, que le transport seul rend leur répartition, dans les contrées productives, impossible, et motive leur déperdition dans les grands centres de population. Voilà l'obligation de *concentrer les engrais* sans leur faire subir, par le traitement, aucune dépréciation (2).

Enfin, modifier les conditions chimiques et dé-

(1) Nous ne saurions traiter ici chimiquement la question des engrais spéciaux dernièrement combattue par un professeur. On ne peut faire qu'une objection, c'est que toutes les plantes se composent des mêmes substances. Cela est très vrai; mais toutes les présentent en quantités différentes; le même engrais ne saurait donc correspondre à toutes ces variations, à moins que la dose d'emploi ne soit très considérable, ce qui, invariablement, cause une accumulation des uns ou des autres composants de l'engrais, que la plante n'absorbe qu'en quantités plus petites, dont l'excédant souvent est perdu, et c'est précisément comme économie que nous adoptons les engrais spéciaux.

(2) Le mot d'engrais concentré, si logique en lui-même, est atteint de suspicion motivée par la réclame faite pour des engrais concentrés au point de n'être plus que des globules insaisissables.

savantageuses dans lesquelles les matières peuvent se trouver, prévenir la décomposition des unes, rompre l'espèce d'inertie que possèdent d'autres, éviter ici la fermentation destructive, là l'insolubilité presque complète ; telles sont, sans parler des conditions essentielles d'économie, celles qui peuvent constituer une fabrication d'engrais réels, utiles, applicables à la grande consommation.

Ce tableau, d'une fabrication logique, ne rendra le contraste de la fabrication actuelle, dont nous devons développer les erreurs volontaires et involontaires, que plus frappant.

Non seulement la science agricole et la science chimique font ici défaut; mais on y remarque encore l'absence de moralité commerciale, l'exagération la plus désordonnée des valeurs, des procédés aussi inutiles, s'ils n'étaient coûteux, que de nature à détériorer la valeur normale des résidus.

Aussi il n'existe point de *marché d'engrais*, parce que, les engrais étant illusoires, le marché ne pouvait s'ouvrir pour eux. Dès lors, au contraire, qu'un engrais réel est venu doter l'agriculture, cet engrais a trouvé place sur le marché,

comme *le guano* et les *superphosphates* qui, en
Angleterre, sont l'objet de transactions aussi ré-
gulières que les cafés, les alcalis et les sucres.
Des engrais *sans valeur déterminée* restent toujours à *l'état d'industrie sans aveu commercial,
de trafic nomade et d'affaire d'adresse*, ce qui
veut tout dire.

Au fait, si nous résumons les faits saillants de
la fabrication des engrais, nous trouvons d'abord,
comme *principe*, le *mélange*, puis les *absorbants*,
viennent enfin les *volumes*, et tout se calcule par
des différences fort avantageuses ; *l'absorbant*
étant toujours des terres carbonisées, du plâtre,
de la tourbe, des lignites, plus rarement du terreau
épuisé, toutes choses qu'on emploie par tombe-
reaux comme *amendement* et qu'on se procure à
bas prix, tant que ces matières sont tirées directement, mais qui acquièrent une valeur nominale
surprenante dès lors qu'elles ont été *animalisées*.

Les boues des villes, excellent engrais à la
dose d'environ 90,000 kilog. valent, à Paris,
1 fr. 50 cent. le mètre cube, prix maximum ; at-
tendez, elles vont acquérir une valeur énorme
par le fait de l'imbibition dans les bassins de
Bondy, et vont se vendre à la mesure à raison de

9 fr. le setier ou de 60 fr. le mètre cube. Voilà l'industrie des engrais.

Nous ne choisissons pas un exemple dans la petite fabrication, il s'agit ici d'un grand monopole, d'une adjudication dépassant le chiffre de 500,000 fr. annuellement, monopole aboli par les mesures du préfet de police (1er janvier 1851), sur le point d'être rétabli par la mise en adjudication (54 mars 1851) à la préfecture de la Seine.

Forcés, par notre sujet, de n'envisager que la question commerciale des voieries, que les rapports chimiques susceptibles de l'établir, nous devons renvoyer à d'autres temps l'étude chimique, hygiénique et de statistique, dont nous nous sommes occupés ces trois dernières années, et nous limiter à une énonciation des faits.

D'abord, comme déperdition agricole, la voirie présente un gaspillage étonnant et ruineux pour la culture, mais parfaitement calculé quant à l'exploitation.

En matières brutes, la voirie présente les chiffres suivants par jour :

Nombre de mèt. cubes de vidanges. 4,000

Dito. — utilisés. 150

Déversés dans la Seine. 850

Chimiquement, la vidange d'un jour à Paris, représente d'après nos analyses :

Matières organiques
non azotées. kilog. 20,208   50
Azote   3,043   95
Phosphates   4,411   67
Sels alcalins. . . .   2,282   15
Chaux, magnésie ,
silice   1,575   49
Matières sèches. . . 31,219   76

Sur ces 31,220 kil. de matières d'une valeur considérable pour l'agriculture, on n'utilise donc que 4,683 kil., et on perd 26,537 kil. de matières sèches, dont voici la composition :

VIDANGE SÈCHE DE PARIS.

Matières organiques non
azotées . . . kilog.   64   73
Azote   9   75
Phosphates.   13   17
Sels.   7   31
Terres et silices. .   5   04
100   00

Perte qui s'exprime en blé qu'on peut obtenir de 100 kil. poudrette pure normale par :

464 kil. blé et 1,160 kil. paille qu'auraient produit les phosphates.
666 — 1,665 — — (1) l'azote.
590 — 975 — — les sels.

Passons maintenant à la fabrication de la poudrette, soit aux résultats chimiques de l'absorption, et posons encore des faits.

L'axiome de fabrication qu'on dépasse toutefois souvent, se résume à faire un mètre cube de poudrette avec un mètre cube de vidange ; j'ai vu dépasser ces proportions d'un tiers.

La valeur des absorbants est au prix de la poudrette comme 1 est à 400, voilà quant aux finances, en elles-mêmes. Ces matières absorbantes n'ont évidemment de valeur qu'à larges doses, valeur parfaitement en rapport avec leur prix maximum de 0 franc 15 cent. les 100 kil.

Ce traitement fait revenir la poudrette toute fabriquée et desséchée à des prix sans doute variables, suivant la source de la vidange, obtenue par *adjudication* ou d'une manière *occasionnelle*. Si la vidange provient d'une adjudication, la valeur des matières perdues et gaspillées tombe sur

(1) Dans ces calculs, l'aliquote d'azote pris à l'atmosphère se trouve déduit ; la même méthode a servi pour les autres calculs relatifs à l'azote et qui se rencontrent dans cet ouvrage.

celles qu'on utilise, et cette réflexion accuserait les grandes administrations mêmes de faux calculs, si pour elles la vidange n'était un simple prétexte, et si elles cherchaient autre chose qu'une occasion de vendre à 60 fr. le mètre cube, des matières absorbantes, sans doute, dont la valeur est au plus de 1 fr. 50 c., système certainement plus avantageux que la fabrication réelle dont la *grande production* tendrait à faire réduire les prix; et, bien que la consommation fût alors certaine, les profits ne seraient plus les mêmes; et c'est ainsi que l'intérêt personnel ronge l'intérêt agricole et détourne les causes matérielles de la fertilité.

Je parlerai du revient, parce qu'il importe de dire que la valeur indéterminée des engrais laissé le champ libre à la rapacité, et que ces produits deviennent alors tout à fait exorbitants; ainsi, tous frais, d'achat, de répartition pour matières perdues, transport intérieur et extérieur des absorbants, manutention, calculés d'abord sur des faits, puis largement posés, portent le revient de la poudrette au maximum à 1 fr. l'hectol., vendu au plus bas 5 fr., soit 400 p. 0ı0 de bénéfice net.

Conséquemment, la poudrette, faite par absorp-

tion, ne possède qu'une valeur intrinsèque extrê-
mement minime ; le cultivateur ne s'aviserait pas
de transporter à 40 et 50 kilomètres des vidanges
de Paris, parce qu'elles ne sont pas transporta-
bles à distances, ou que le transport porterait
l'engrais à un prix plusieurs fois au-dessus de
la récolte (1) ; mais il transporte volontiers la
poudrette, qui cependant ne diffère qu'à peine,
comme valeur intrinsèque, des vidanges liquides, et cela, parce qu'il croit employer de la vidange sèche et concentrée.

Il paraît que précédemment, avant la dernière
adjudication, la poudrette dosait de 1 à 1,5 p. 0\0
d'azote, d'après Payen et Jacquemart ; celle de
Boudy m'a donné les résultats analytiques qui sui-
vent, et que je place en parallèle avec la vidange
normale :

	Vidanges liquides 1849, eaux vannes et batelage.	Poudrette 1849.
Eau	85,878	19,265
Matières organiques non azotées	2,654	9,755
Azote	0,500	0,431
Phosphates	0,340	0,600
Sels ou terres	0,328	69,069
	100,000	100,000

(1) La vidange peut sans contredit être employée avec avantage dans un certain rayon de culture.

D'après ces analyses, la poudrette employée à la dose de 1,500 kil. à l'hectare, est à peine susceptible de produire par

Son azoté.   6,465 kil. — 450 kil. de blé   5 hect. 1|2
Ses phosphates.   9,000 kil. — 521 kil. id.   4 id.

La fumure en poudrette aurait coûté 90 fr., et le produit pris à 5 1|5 hectolitres réaliserait seulement 82 fr. 50 c., ou bien encore, 6,46 azote et 9,0 phosphate valent commercialement 16 fr. 25 c., plus 3,0. Total 19 fr. 25 c.

La perte à l'achat est donc de 70 fr. 75 c.

Nous pourrions soumettre un grand nombre d'engrais aux mêmes calculs, sans que les résultats soient sensiblement différents.

Par exemple le sang des abattoirs, les eaux du gaz, pris dans leur état liquide, présentent la comparaison suivante :

	Sang liquide des abattoirs	—	d° fabrique en engrais poudrette.
Eau.	79,900	—	56,176
Matières organiques non azotées . .	45,866	—	7,104
Azote.	2,954	—	1,514
Sels et phosphates.	1,500	—	0,586
Acide sulfurique			0,480
Terres. . . .			34,540
	100,000		100,000

Il est évident qu'ici l'absorption au moyen de

54 kil. de terres n'a servi qu'à réduire la valeur intrinsèque normale.

Par la dessiccation, on peut obtenir du sang liquide un produit pur d'un dosage fort élevé, et qui par conséquent est susceptible de transport. Ce produit égalerait, pour l'azote, le guano le mieux conservé, et doserait 14,597 p. 0⏑0 d'azote et 5,124 de sels et de phosphates.

Même observation pour les eaux du gaz qui peuvent présenter jusqu'à 9 p. 0⏑0 d'azote, et qui pour la population de Londres m'ont donné une production totale de 97,200 kil. d'azote par semaine. On vient d'inventer de vendre ces eaux liquides sous une nouvelle dénomination, en concurrence de M. Dusseau, à un prix exorbitant; et M. de Cavaillon, après avoir saturé ces eaux de plâtres pulvérisés et mélangés de mousse, prétend composer un engrais prolifique, dont on doit s'occuper légèrement en France, car ce produit, dit-on, est destiné à l'exportation.

1,000 kil. d'eau du gaz contiennent 9 d'azote; absorbés par 1,500 kil. de plâtre, ils ne présentent plus que 5 6. Voilà comme on réduit les valeurs, comme on rend les matières vendables, on dirait à cause de leur infériorité.

Je ne parlerai pas de la sophistication des *noirs* (1), dits *résidus purs de raffinerie*; ce sujet a été traité avec une grande persévérance par M. G. Bertin, de Nantes (2), subséquemment par MM. Bobierre et Moride (3).

J'ai cité et prouvé le principe du commerce et de la fabrication des engrais; j'ai montré que ce commerce trompait par les *masses*, par les *volumes*, par les *poids*, parce qu'il s'appuyait sur l'ignorance des valeurs réelles; il serait maintenant superflu de tracer ces mélanges, ces sophistications dans tous leurs états, sous toutes les formes, soit dans le guano, les tourteaux pulvérisés, les phosphates ou dans tout autre engrais, dit artificiel, possible ou existant.

Il nous reste à traiter d'une autre méthode, d'éluder, en fait d'engrais, l'art. 423 du Code pénal.

(1) J'ai constaté moi-même que des *noirs* dits *de raffinerie*, expédiés de Paris à *Couterne* (Orne), ne contenaient pas trace de phosphates, et se composaient simplement de terres carbonisées. Les résidus de la fabrication du *prussiate* sont livrés comme *noirs de raffinerie*. Ceci rappelle un fameux procès touchant de larges expéditions d'os dit *carbonisés* : or, c'était des *escarbilles de forge*.

(2) *Du préjudice causé à l'agriculture et au commerce par les procédés de raffinage*, etc. G. Bertin, 1850; *Statistique des os*, dito 1845.

(3) *Technologie des Engrais*, 1848, Bobierre et Moride.

Ce n'est plus ici par les *masses*, *contenant des doses infinitésimales*, *des fractions de matières utiles*, qu'on vient tromper l'agriculture. Ce système suranné devait le céder enfin à un autre plus pompeux, et tendant à rajeunir l'abus de confiance, par des lambeaux scientifiques, empruntés toutefois sans discernement, par des déductions captieuses arrachées à des faits positifs et un luxe de publicité stipendiée, qui attache à l'invention de la réclame un caractère frappant de démoralisation ; aussi dans le jugement du public, elle ne saura tarder à être impliquée comme complice ; quand elle se vend à une industrie supposée, à l'exploitation de la crédulité, les rapports du délit industriel sont à la réclame *ce que le vol est au recel*.

Les nombreux engrais, jetés dans le monde agricole avec autant de profusion que les étoiles aux régions célestes, sont *tous composés d'excellentes matières*, d'azote, de sels, de phosphates ; nous les donnons comme engrais réels, et sauf la composition de l'engrais Bickès, où 67 p. 0⁄0 de plâtre viennent figurer, on ne trouve dans la composition des autres que des substances réelles, plus ou moins riches, plus ou moins étendues d'eau.

Grande est l'opposition des principes que développent, dans cette babel agricole, les bienfaiteurs de la société et de l'honnête cultivateur : l'un est d'accord avec Liébig, il soutient que l'azote vient de l'air, que les sels exclusivement constituent la restitution à faire au sol, et s'appuyant de l'exemple du gland de chêne, il substantie sa proposition au mieux de tous les intérêts, quant à l'apparence. Chose étonnante toutefois, l'engrais vient donner un démenti formel au système par sa composition essentiellement azotée ; mais qu'à cela ne tienne, nous ne jugeons qu'à fond. Aussi passe encore pour le gland du chêne qui, malgré tout ce qu'on dira, ne prospère qu'en terre appropriée, puise à la double source de la végétation, et devient un chêne, non pas avec des globules d'engrais, mais avec des masses de substance, et ne prospère que s'il en trouve assez.

Des semailles de pin faites dans la Creuse en 1844 sur les propriétés du duc de Montpensier, sur une étendue de 50 hectares de sables, n'ont pas même levé. C'est bien loin de donner un arbre éternel, vivant de l'air, ne demandant au sol qu'un premier atome, pour composer sa masse entière (1).

D'autres, au contraire, trouvent que Liébig est tout à fait dans l'erreur et que l'azote est indispensable.

Viennent enfin, ceux qui, comme Bickès, estiment que le plâtre est à lui seul la base même de la végétation, mais à petites doses, tout autrement l'affaire serait radicalement perdue ; puis les inventeurs de l'immersion des graines dans quelques solutions salines : et c'est par ces moyens, par ces théories, qui se démentent, par ces globules, qui se combattent, que *le fumier de ferme* va devenir superflu, qu'on *aura la culture sans engrais, l'âge d'or de l'agriculture.*

Au fond, ces engrais dispensent du fumier, ou bien ce sont de simples pralinages. Ne demandons pas lequel est-ce des deux aux fabricants ? ils ont répondu déjà ; d'abord en annonçant que ces engrais constituaient une fumure ; puis, lorsque toute la déraison de cette proposition (2) les

(1) A Lepeau, canton de Chambon, Creuse.

(2) *Maison rustique* de 1790 et de 1698, Chomel, *Dictionnaire économique,* article semence. Douze recettes pour la multiplication des semences.

a accablés, ils se sont contentés du pralinage, inventé simultanément par ces fabricants, quoiqu'en dise la *Maison rustique* de 1790, et Chomel, auteur du *Dictionnaire économique*; bien qu'encore Virgile nous retrace ainsi la méthode de praliner, connue d'ailleurs partout sous le modeste nom de *chaulage*.

« *Semina vidi equidem multos medicare serentes*
« *et nitro prius et nigrâ perfundere amurcâ*
« *grandior ut fœtus siliquis fallacibus esset.* »

GEORG.

Mais là n'est pas le fait ; la question réelle consiste à savoir si l'énorme dépense d'annonces, de réclames, qui ne laisse pas d'être un élément du revient, communique une valeur particulière à ces engrais, et les soustrait à toute estimation rationnelle.

Ces engrais ont été d'abord analysés par moi (1), puis successivement par MM. Girardin, Barral et plusieurs autres chimistes ; on a récusé l'analyse, on a répondu : que vous importe ce que contiennent mes engrais ; soyez donc satisfait des produits que je vous assure, très probablement sous

(1) *Annales de l'union agricole*, 1830. Juillet.

la réserve des brevets, c'est-à-dire, *sans garantie*.

L'analyse, en effet, est une fausse voie du point de vue du fabricant ; mais quand au consommateur, il n'en est pas de même, car s'il plaisait aux spéculateurs de détailler du sel commun, valant 6 fr. les 100 kil., en bouteilles cachetées, après l'avoir préalablement dissous, et de le vendre alors 400 fr. ; certes, le cultivateur, aujourd'hui débarrassé de l'impôt du sel, serait par trop compatissant d'acheter en ces termes, ou par trop coupable de persister dans l'ignorance.

Bref, pour ne donner qu'une seule raison de traiter les engrais les plus exceptionnels ; même ces bons engrais qui, en toute franchise, veulent être essayés, seulement une fois, sur 46 millions d'hectares ; comme nous avons traité la poudrette et tous les engrais existant, nous allèguons tout simplement l'existence du soupçon, *expression de déférence*.

Or, voici la composition de ces engrais (1) :

HUGUIN,	DUSSEAU,	BICKÉS.	
38 50	1 82	10 00	matières org. non azotés.
1 00	3 00	1 30	azote.
39 50	4 82	11 30	*à reporter*

(1) Deuxième livraison : *Annales de l'Union agricole.*

HUGUIN.	DUSSEAU.	BICKÈS.	
59 50	4 82	11 50	*Report*
27 50	4 60	—	phosphates.
5 20	—	1 50	sels.
—	—	7 70	charbon.
—	—	67 00	plâtre.
2 80	7 68	—	acide sulfurique.
25 00	82 90	12 30	eau.
100 00	100 00	100 00	

Il paraît que la composition de ces engrais est assez peu stable, que les matières diverses se substituent les unes aux autres ; comme l'engrais pour céréales et l'engrais destiné aux plantes sarcléespeuvent, au besoin, se remplacer réciproquement (1); faits résultant des analyses même, puisque M. Barral n'a trouvé dans l'engrais Dusseau, tel qu'il est *expédié*, que l'équivalent de 0,5 azote, tandis que l'engrais *remis* par M. de Monnières, représentant du fabricant, contenait de plus fortes doses (2).

Au fait, nous touchons à la conclusion, il faut employer ces engrais à la dose de :

(1) M. Dusseau ayant expédié deux sortes d'engrais pour deux cultures différentes, les mélangea sur place et observa que cette apparente inconséquence était insignifiante. (*Ferme des hôpitaux de Paris, à Creteil*, procès verbal de M. Potel le Couteux.)

(2) Journal d'*Agriculture pratique*, 20 janvier 1854, pag. 67.

Huguin. .   .   .   18 kilog. par hectare.
Dusseau. .   .   .   45   —   —
Bickès. .   .   .   45   —   —

Or, la composition étant connue, nous trouvons que 18 kilog. Huguin, 45 kilog. Dusseau, 15 kilog. Bickès, réduits en fumier, équivalent, respectivement, à 58 kilog., 450 kilog. et 70 kilog. Si c'est une fumure, comme l'indiquent les premiers prospectus que j'ai sous les yeux, très certainement nos cultivateurs ont trop tardé à s'exonérer de ces fumures à raison de 50 et 40,000 kilog., puisque 58, 450 et 70 kilog. sont suffisants, sans qu'on s'explique trop pourquoi 58 serait égal à 70 et 70 à 450, et, définitivement, pourquoi toutes ces sommes isolément remplacent, au moins, 50,000 kilog. de fumier ?

Parlerons-nous des récoltes en elles-mêmes, nous trouverons alors qu'en supposant un produit de 4,000 kilog. de blé, l'engrais épuisé, par cette somme de production, se composerait de :

Azote,   15 kil. fournis par l'engrais.
Phosphates, 28 kil.
Sels,   18 kil.
                ———
              64 kil.

Comment 18, 15 ou 45 kilog. peuvent-ils, fussent-ils exclusivement composés de sels, de phosphates et d'azote, avoir fourni 61 kilog. de ces mêmes matières ? On répondra peut-être par une explication résidant dans les forces, dans les vertus, dans les essences végétatives, prolifiques, zoogènes, etc.; alors, dans ce domaine, dans cette région philosophale, notre instrument, *la balance*, n'est plus applicable, et toute expression mathématique est impossible.

Ou bien on dira, nous ne prétendons pas que les doses données constituent une fumure, bien ; alors, nous rentrons dans le domaine matériel et de l'appréciation.

Nous dirons en ce cas, vous êtes dans le vrai, vos engrais aux doses indiquées ne valent pas cette bonne et empirique fumure de 30,000 kilog. de fumier, et si l'on s'avisait de vouloir fumer avec vos engrais, il faudrait tout juste ;

Engrais Huguin . . . 3,000 kil. revient d'une fumure, 12,000 fr.
— Bickès . . . 2,000 — — 12,000

La fumure rationnelle d'un hectare reviendrait donc au prix moyen d'acquisition de onze hectares.

Mais il ne s'ensuit pas de ce que votre système, après diverses modifications, se résume enfin au *pralinage,* que vous ayez le privilège de tailler dans la chair vive de l'agriculture pour arracher toute sa substance à titre d'essai.

Aussi, considérez donc que la valeur de 58 kil. de fumier qu'on peut acheter à moins de 58 c. est quotée, par M. Huguin, 72 fr., ou bien que l'azote revient,

Dans le fumier (1 kil.), en 225 kil. à 2 fr. 50.
Huguin. . . . . 400 fr.
Bickès. 420
Dusseau (à 5 p. 0/0 anal. Barral). 440

Très certainement, l'analyse chimique des engrais est intervenue trop tôt, et ce n'est pas si promptement que l'agriculture décide les questions ; il lui faut au moins une année, pour essayer même la déraison.

Thaër conclura ces réflexions, et toute cette spéculation qui n'est pas sans exemples antérieurs : « On a souvent entendu parler de divers « sels propres à l'amendement des terres et qui, « employés à *petites doses,* devaient produire des « effets miraculeux ; mais ces sels, enfants du « *charlatanisme* et d'*un* amour excessif du gain,

« paraissent heureusement ne devoir plus faire
« fortune parmi nous (1). »

Il nous reste à traiter de deux circonstances
attenantes au commerce des engrais, et par lesquels le cultivateur réalise de sérieuses pertes et
se trompe lui-même.

De même que pour lui, la poudrette est de la
poudrette ; les résidus divers qu'il peut se procurer directement, avant qu'ils aient subi de *mélange*, ou des *sophistications*, sont pour lui respectivement des choses déterminées, des articles
réguliers, composés pour ainsi dire d'eux-mêmes,
n'importe qu'elles peuvent en être l'*origine*, la
provenance, l'*état*.

Ainsi, du *noir animal, résidu pur de raffinerie*,
est toujours du noir animal et le même noir ; les
procédés de raffinerie se perfectionnent, les résidus ne sont plus des produits d'une opération

______

(1) Thaër. *Principes raisonnés d'agriculture*, tome II, p. 444,
traduction de Crud.

Cependant la conclusion de Thaër n'a pas empêché le retour
de semblables spéculations ; et les cultivateurs ont essayé, et l'In-
stitut agronomique de Versailles a essayé les engrais à petites
doses : voir au cimetière d'expériences, 1830, à la ferme de la
Ménagerie.

unique, mais ils proviennent d'opérations succes-
sives; cela n'importe.

Le guano du Pérou, d'Afrique, ou de toute
autre provenance, maintient sa valeur, même
intrinsèque, dans l'idée du cultivateur, sous ses
états, les plus variés.

Le fumier de ferme lui-même, sortant de l'é-
table, fermenté et réduit, plus ou moins hydraté,
possède une valeur invariable, malgré la série
de changements que subit sa composition élémentaire.

Les sels chimiques à leur tour, secs ou cristal-
lisés, les nitrates de soude ou de potasse, malgré
leur état de réfraction, conservent toute leur
identité respective, sans égard au dosage du composé chimique actuel, bien qu'il soit enveloppé de
matières étrangères, combinées mécaniquement.

En un mot, on achète la *désignation elle-
même*.

De là l'extrême contradiction des applications
agricoles. Appliquer, c'est connaître et constater
à la fois sa connaissance; essayer même, est une
application calculée, déduite de principes ration-
nels, d'existences réelles, pondérables, déterminées, devant amener à un résultat susceptible

d'être reproduit à volonté, ou soigneusement
évité; ce qui suppose que tous les termes de l'essai sont connus; ou bien, le résultat positif ou négatif est également nul pour l'avenir, puisque
la reproduction ne serait plus volontaire, et
qu'elle impliquerait, chaque fois qu'on veut la ten-
ter, des essais nouveaux, perpétuels et toujours
la même incertitude (1).

Il importe donc de reconnaître que la désignation ne constitue aucune garantie, et que toutes
les matières susceptibles d'une application agricole sont essentiellement variables, par leur nature, soumise à de nombreuses influences par le
fait des changements introduits dans les arts dont
ils sont des résidus et quelques fois des produits.

Cette variabilité est telle qu'il faudrait le double des quantités de *noir de raffinerie*, *résidu*,
qu'on employait autrefois, pour obtenir aujour-
d'hui le même résultat; cependant le prix du noir
ne décroît pas en conséquence, parce que le cul-

(1) Les essais d'engrais faits en 1850 à Versailles, se prêtent
évidemment aux observations du texte. On a essayé les engrais
à petites doses, sans les avoir analysés; on a essayé ce que le
fabricant a donné, ce qu'il a voulu soumettre à l'essai; en tous
cas, on a essayé dans des conditions d'une double incertitude.

tivateur reste étranger à la question des valeurs réelles.

Ce fait résulte de ce qu'on s'est aperçu en raffinerie, que le noir livré à l'agriculture après une première défécation, peut servir successivement à dix ou douze, jusqu'à ce que les matières étrangères dont il s'empare, viennent à le surcharger tellement, qu'il perd alors pour la raffinerie même sa désignation de noir d'os et toutes ses propriétés.

Il subit pareillement pour l'agriculture une réduction de valeur, qui s'exprime à l'état sec, par l'échelle de décroissance que nous allons établir d'après les calculs de M. G. Bertin (1).

Nombre d'opérations en raffinerie.	Réduction du dosage ou phosphate de noir résidu.
1re.	75 96
2e.	72 54
3e.	74 05
4e.	69 88
5e.	67 29
6e.	65 54

(1) *Du préjudice causé à l'agriculture et au commerce, par les changements introduits dans la raffinerie.*

G. BERTIN. (Nantes.)

7e. 59 82
8e. 47 38
9e. 45 02
10e. 44 50
11e. 34 67
12e. 31 83

Même observation pour le guano, qui, suivant sa provenance, contient, 4 97, 5 39, 45 95 p. 0ĵ0 d'après Boussingault et Payen, ou jusqu'à 16 86 p. 0ĵ0 d'azote, suivant MM. Girardin et Bidard, ou bien encore dans le sulfate d'ammoniaque, la quantité d'eau de cristallisation, d'eau mécaniquement combinée, de matière étrangère ou d'acide libre, viendront modifier la composition au point que ce sel pourra varier en valeur intrinsèque tout autant que le noir de raffinerie, et contenir de 45 à 17.27 d'azote, ou s'élever à l'état de sel sec jusqu'à 24.5 p. 0ĵ0.

Les os, même, sans changer de forme, sont loin de posséder la même valeur : ils peuvent à l'état vert, fournir l'azote et les phosphates ; après avoir été bouillis, ou après une assez longue exposition aux influences extérieures, ils ne possèdent plus que la valeur des phosphates.

La vidange enfin n'est plus la même d'une

ville à une autre ville, dans des fosses perméables, ou dans les fosses mobiles ; le régime, l'état sanitaire, le système hygiénique, causent tour à tour d'importantes modifications.

Quant à la dernière circonstance de modification occasionnelle de la valeur normale des résidus, servant à l'agriculture, elle résulte de la fabrication mal entendue.

J'ai vu traiter le sang liquide par de la chaux vive, les laines par des alcalis, en partie caustiques ; j'ai constaté analytiquement que du sang coagulé aux acides, mais longtemps exposé à l'état humide, à la fermentation destructive, avait considérablement perdu de sa valeur, et ce résultat devait être d'autant plus prévu, que ce qui se passe dans ces circonstances peut se traduire par des formules chimiques.

Ainsi, la coagulation du sang, le traitement des laines par la chaux vive, ou les alcalis en partie caustiques, placent la matière qu'on soumet au traitement, et celle qui sert à ce traitement, dans un cercle d'affinités qui, nécessairement, détruit l'équilibre de la combinaison ; le carbone et l'oxigène, transformés en acide carbonique, se combinent avec l'alcali libre et l'azote à l'hydrogène, ce qui donne de l'ammoniaque, dont la volatilité est connue, et dont la perte devient nécessaire.

Tout se résume ici à un commerce sans base, sans actualité, sans contrôle, à une même erreur de compte, provenant d'une tromperie volontairement pratiquée, ou d'un fait occasionnel.

Non seulement la dépense vaine, ou bien exagérée, est la conséquence directe de l'état du commerce des engrais; mais ainsi, l'agriculture se condamne en toutes choses à l'inconnu, à la surprise même de la production, qu'elle ne sait pas assurer par l'emploi positif et calculé de la substance.

§ II.

Pour renverser une industrie parasite, mettre fin à un commerce nuisible, et pour substituer à tous deux un système de tout repos, quant à la qualité, quant au prix des engrais, il suffirait de faire prévaloir sur les habitudes du cultivateur l'usage du chiffre, d'arrêter ses idées sur ce qui constitue un engrais réel. La science, ici, opèrerait le changement le plus radical.

Déjà elle a beaucoup fait pour l'agriculture,

mais en attendant que ses lumières soient généralement sensibles, que tant de préjugés s'effa-
cent, faut-il abandonner le sol à toute exploitation mercantile, du genre de celles dont nous
venons de tracer l'histoire?

Cette tolérance de fraudes usuelles, et d'abus
ruineux, réunis dans une même industrie, serait-
elle-même moralement et économiquement coupable.

Imputer à la consommation *l'exercice libre de
la fraude des engrais*, serait un double emploi;
elle paye déjà pour son ignorance. Mais, pour ne
pas cacher la vérité, reconnaissons que le repro-
che est imputable directement à la science elle-
même, qui se renferme dans une espèce d'Arche-
Sainte, et ne tend pas assez à se *populuriser, à
se révéler par des mesures, des formules d'application*.

Si la masse des cultivateurs ignore la nature
réelle des engrais. les Sociétés d'agriculture, les
Comices, peuvent statuer exclusivement sur ce
point, et la science se révèlerait par un fait, sinon
par l'ensemble de déductions trop élevées. Une
décision de leur part mettrait fin à de nombreux
abus, elle inquièterait la fraude elle-même, par

la crainte de n'accumuler que des *non valeurs* (1) *irréalisables*, du moment où leur inu-
tilité aurait été prononcée par la haute agriculture.

Sur ce point, on doit attendre un concours
unanime, parce que la question est du plus haut
intérêt. On s'émeut facilement des sophistications
pratiquées dans les substances *alimentaires ;* est-
il moins important de s'occuper de celles qui
compromettent *la production ?* La loi non seulement régit la jouissance de la propriété, mais elle
prévoit, incomplétement, il est vrai, que la jouissance peut se convertir en dépréciation, et elle
oblige à l'économie de la matière (2), à moins
que le propriétaire n'exempte son fermier de
l'obligation que la loi impose (3).

Il est évident que dans l'intention de la loi,
l'usage du sol ne doit pas constituer un préjudice
à la propriété, et qu'elle a déjà prévu quelques cas
où, par le fait de ces dommages, la résiliation des
baux s'ensuit naturellement (4).

(1) On a constaté à Bondy l'existence d'une valeur de deux
millions de poudrette, non vendus et invendables.
(2) Code Civil, 1769, 1770, 1771.
(3) Id., 1772, 1773.
(4) Code Civil, 1766.

Le préjudice des engrais, les dommages qu'ils causent ne sont que trop évidents, pour que l'extension des articles du Code civil, ayant pour objet la bonne administration de domaine, du fermage, soit plus longtemps ajournée; ne prenant les engrais que sous le point de vue d'une marchandise, la fraude, l'abus doivent-ils rester encore silencieusement autorisés?

Nous concluons, avec tous ceux qui se sont préoccupés de la question, *qu'une législation spéciale pour les engrais est actuellement urgente,* et s'il est nécessaire d'appuyer davantage sur ce sujet, réunissant préjudices à la propriété, dommages au cultivateur, faits d'abus même, nous rappellerons le vœu émis par le Conseil général de l'agriculture, qui statue sur l'urgence des mesures à prendre « en vue de la constatation de la fraude, « d'une révision de l'article 423 du Code pé-« nal (1), en vue d'appliquer ses dispositions à la « répression de la fraude des engrais. »

Nous allons entrer maintenant dans l'examen des dispositions capables d'atteindre le but qui leur est proposé, et que l'idée pénale ne

(1) Code Pénal, 524.

remplit certainement pas à elle seule, ainsi que la suite le prouve.

La possibilité de ces mesures dépend de la manière dont la question sera posée. Les difficultés infinies qui font persister dans l'ajournement d'une réforme nécessaire, résultent elles-mêmes de ce que *les délits n'ont jamais été définis*, de ce que, surtout, la *nature* des engrais se trouve dans une condition essentiellement vague, et enfin de la *variété* des *articles*, *matières premières* et des *produits* que la loi doit connaître.

Si nous étudions successivement tous les points de la question, nous ne tarderons pas à nous apercevoir que, même sans compter le nombre des abus volontaires, les conditions variables dans lesquelles se trouvent nécessairement les matières premières, rendent l'idée primitive incomplète, et que la *répression de la fraude* purement et simplement est un remède dépourvu de toute proportion avec l'étendue de ce vaste système de dépréciation.

Effectivement, les chefs d'accusation de la fabrication, du commerce et de l'achat des engrais sont très multipliés et sont loin de se résumer en une simple question de fraude.

A peine l'énumération suivante serait-elle complète :

Fraude, tromperie, traitements onéreux, dépréciation des valeurs en nature, proportions illusoires; telles sont les principales accusations qui portent sur la fabrication.

Valeurs intrinsèques indéterminées, absence de tout contrôle et de tarif, voilà l'état de ce commerce.

Quant aux substances, elles sont à la fois variables et de nature à subir, même subséquemment à la fabrication, des décompositions notables.

Ne frapper qu'une seule de ces conditions anormales, délivrer le cultivateur de la fabrication onéreuse, sans l'exonérer d'un achat pareillement onéreux, sans prévenir le fabricant et le consommateur contre la variabilité des subtances auxquelles nous faisions allusion tout à l'heure; ce remède, si c'en était un, resterait au-dessous de la question, et c'est peut-être à cette pensée que se rattache l'ajournement indéfini d'une réforme aussi urgente que difficile.

D'ailleurs, si l'unique condition de la législation proposée était d'atteindre exclusivement la fraude, nous venons de voir que cette mesure serait incomplète; nous dirons maintenant que cette législation elle-même serait inapplicable à la généralité des engrais, et porterait seulement sur quelques produits tellement définis, et doués d'ailleurs de propriétés tellement invariables, que la fraude serait facile à constater.

On serait donc forcé de restreindre l'action de la loi à ces substances exceptionnelles, comme par exemple, au noir résidu de raffineries, et de fixer un dosage minimum, au-dessous duquel ils perdraient leur désignation de résidus purs, pour rentrer, s'ils ne s'élevaient pas au dosage légal, dans la catégorie des engrais indéterminés, que la loi ne saurait connaître. Mais, outre le défaut d'une application tout à fait exceptionnelle, une telle législation se trouverait déjouée dans ses dispositions pénales par deux circonstances étrangères à la volonté du fabricant : 1° la différence de composition des résidus employés; 2° l'emploi des réactifs indispensables au traitement.

Des mesures répressives de ce genre sont inefficaces, et conduisent à des fins de non recevoir;

aussi la question sera toujours mal posée, quand, pour constater une fraude, on devra avoir recours à la composition théorique des matières désignées par le vendeur.

Mais surtout ici, dans une question aussi grave que complexe, le premier objet est d'instituer et le second de réprimer ; en un mot, ce qu'on veut, c'est une base pour le commerce des engrais.

Dans cette pensée, la législation des engrais ne saurait avoir pour base générale que la composition actuelle; elle ne saurait reposer sur des choses antérieures et accomplies, sur la déclaration des matières employées bien ou mal, choisies sciemment ou sans égard à leur composition, maintenues dans un état parfait de conservation ou matériellement altérées.

Toute déclaration, suscitée par les mesures dont il s'agit, doit donc rester sur la chose même et au moment de sa livraison.

La réforme la plus utile serait, d'ailleurs, de ramener tous les engrais à un type unique, de créer un marché où leur vente s'accomplisse d'une manière tout à fait uniforme, de simplifier ainsi le contrôle, de rendre ces nombreux résidus comparables entre eux, de telle sorte qu'il résulte de là, un cours, une concurrence utile, même au progrès de leur fabrication. Dans ces conditions, une législation, moralisatrice d'abord, aurait infailliblement pour résultat d'être d'une application facile et générale dans ses dispositions pénales, et d'être soustraite à toute fin de non recevoir.

Enfin, si l'effet le plus direct de ces mesures est de mettre fin à la fabrication d'engrais illusoires, puisque les engrais, en général, seraient soumis entre eux à la comparaison et vendus seulement pour ce qu'ils contiennent, il en résulterait encore le double avantage d'établir, d'organiser un marché pour les engrais. L'institution de courtiers spéciaux, arbitres entre le vendeur et l'acheteur, intermédiaires de l'exécution du contrat entre l'un et l'autre, serait une puissante garantie, un moyen direct de pourvoir à la consommation, de rendre les cours satisfaisants pour tous les intérêts, et de relever le commerce dont nous nous occupons (1). La chimie agricole alors simplifierait ses méthodes analytiques ; elle arri-

(1) Je dis courtiers légaux : ne pas confondre avec commisionnaires.

verait, sans doute, à la découverte de procédés de dosage des engrais, exécutables par des personnes étrangères à la chimie : c'est ce que les procédés alcalimétriques ont déjà réalisé pour l'essai des soudes et des potasses (1).

Des établissements de vérification d'engrais, placés dans les chefs-lieux de départements, tout en servant à la loi comme moyen d'exécution, hâteraient localement les progrès de la chimie agricole.

Quant aux chantiers, je doute de leurs avantages ; le dépôt d'engrais est une charge pour le fabricant, il augmente l'importance de ses mises, par le fait du transport et du magasinage, et mène à une réalisation forcée.

Tels sont les principes et les moyens d'exécution d'une loi destinée à réformer le commerce des engrais de la manière la plus complète et la plus pratique.

Nous proposerons donc cette forme de législation spéciale comme répondant à toutes les conditions dans lesquelles elle nous semble devoir être placée.

(1) Déjà mes recherches se sont portées de ce côté. Je publierai mes méthodes analytiques lorsqu'elles auront atteint le degré de simplification que j'espère leur donner.

LÉGISLATION DU COMMERCE DES ENGRAIS.

—

Le commerce des engrais, quelle que soit leur nature et leur origine, quelle que soit leur désignation, sera régi par les dispositions suivantes :

Les fabricants, marchands et courtiers d'engrais, sont tenus de délivrer à l'acheteur une facture, dont ils retiendront copie au livre de commerce, et qui indiquera, en poids, la quantité et la composition chimique actuelle de l'engrais livré (1).

La facture comporte pleine et entière garantie, et toute fausse déclaration sera poursuivie d'après les dispositions de l'art. 423 du Code pénal.

La composition sera établie élémentairement et indiquera s'il se trouve et combien il se trouve dans l'engrais vendu de :

Matières organiques non azotées ;

Azote ;

Phosphates ;

(1) Voir le modèle de facture légale à la fin de l'ouvrage.

Soude, potasse réelle ;

Soufre et chlore.

Plus, les matières diverses qui peuvent se trouver dans l'engrais.

La vérification de la composition des engrais vendus sera faite d'après les dispositions légales relatives à la déclaration exigée du vendeur, l'analyse sera pareillement élémentaire.

Il sera créé, dans les chefs-lieux de département, un laboratoire de vérification des engrais, sous la surveillance des préfets.

APPENDICE.

Observation sur la valeur légale et réelle des engrais.

Les engrais n'ont qu'un même type de valeur réelle, les substances exclusivement utiles qu'ils peuvent contenir, sont celles qui se trouvent énumérées dans la présente législation ; toutes autres substances, comme chaux, plâtre et terres, sont des amendements et ne rentrent pas dans la désignation d'engrais proprement dits, seuls soumis aux dispositions précédentes.

Ces mesures réalisent toutes les garanties commerciales, ne se prêtent à aucune équivoque, la garantie de la composition n'admet, par sa nature élémentaire, aucune détermination vague, comme, par exemple, si, au lieu de soude réelle et de potasse, il était permis de porter les sels divers, hydratés ou non hydratés, purs, ou contenant des matières étrangères.

Non seulement il résulte, de ce qui précède, des unités commerciales conventionnelles, mais ce sont des unités réelles, et si nous désirons que l'azote et les matières inorganiques, les alcalis et les phosphates, soient reconnus comme termes exclusifs de la valeur des engrais, ce n'est que par suite d'un fait, dont nous allons parler tout à l'heure, et ce fait est la base même de la chimie agricole; c'est l'expression de la théorie naturelle de la végétation.

Il suffirait, sans doute, que les cultivateurs entre eux adoptassent ces mesures que j'ai motivées sans hésitation.

Mais jamais ces mesures n'attendraient l'application générale à laquelle elles sont appelées, sans le concours des autorités, sans une vérification facile et régulièrement instituée.

§ III.

Il me reste maintenant à établir un point essentiel : que la valeur des engrais consiste exclusivement dans cinq matières différentes :

Les matières organiques non azotées, c'est-à-dire le carbone, l'hydrogène et l'oxygène;

L'azote;

Les alcalis, soude et potasse;

Le soufre;

Et le chlore.

Une preuve empirique se présente dans le fumier, dont la composition se réduit à :

De l'eau,
Des matières organiques non azotées,
De l'azote,
Des phosphates,
Des alcalis,
Du soufre et du chlore,
Des terres.

Donc, par analogie, l'adoption des cinq unités de valeur des engrais commerciaux est incontestable.

Nous trouvons une autre preuve dans l'expérience résultant de l'emploi isolé des cinq substances dont il est question : dans les cendres, pour les alcalis; dans les noirs de raffinerie, pour les phosphates; dans les tourteaux, le sang, etc., pour l'azote; dans les sulfates, les chlorures, pour le soufre et le chlore, chacune de ces matières exerce une action incontestablement avantageuse sur la végétation, ce sont des faits universellement établis.

Enfin la composition des plantes se réduit, sans exception pour aucune d'elles, aux substances indiquées comme existant dans le fumier, ou choisies comme type d'engrais.

Ces seules substances sont nécessaires à l'alimentation végétale; si quelquefois d'autres corps passent dans la circulation, ils en sont bientôt éliminés, ou si l'action vitale n'est pas suffisante pour en débarrasser la plante, elle est aussitôt désorganisée, elle meurt, elle a été empoisonnée (1).

Nous établirions ces mêmes faits autrement au point de vue de la chimie agricole, mais cette explication simple suffit à l'objet qui la motive.

Avant d'aller plus loin, nous déduirons de ce

---

(1) Bien entendu que cette exclusion ne se rapporte pas aux terres, chaux, magnésie, alumine et silice, qui sont aussi des constituants.

qui précède une méthode utile pour la pratique :

On ne fumera bien la terre, on n'appliquera les engrais avec profit, peut-être même sans pertes, qu'autant qu'on proportionnera l'engrais à la production, et que l'engrais sera composé de toutes les matières que présente la récolte, à la seule exception des matières organiques, dont une partie seulement est prise à l'engrais.

Ainsi, pour avoir 1,000 kilog. de blé et 2,500 kilog. de paille, il faut que l'engrais contienne au moins (1) :

Azote. . . . 15 kilogrammes.
Phosphates . . 28
Alcalis . . . 18
Chaux, etc. . 24

Dès lors que les engrais seront exclusivement vendus sur analyse, le cultivateur, en se basant sur ces chiffres, procèdera avec exactitude et à moins d'argent. Il pourra ajouter à la comptabilité agricole un compte d'engrais, avec un avoir, consistant en phosphates, sels, azote, existant en terre, et un débit également en phosphates, sels, azote, reçus

____

(1) Moyenne de nos analyses.

sous forme de blé, etc. L'agriculture, comme on voit, a beaucoup à gagner en économie.

J'ai encore à donner une autre raison touchant la valeur intrinsèque des engrais, et à expliquer pourquoi la chaux, le plâtre, etc., sont exclus de leur estimation.

Est-ce à dire par là qu'on doive distinguer dans les constituants des plantes, qui sont aussi ceux des engrais, une substance supérieure à l'autre, une matière dont on peut se dispenser, tandis que d'autres sont essentielles ?

Non, certes, et toutes les substances qui se trouvent consignées dans la nomenclature des aliments des plantes, sont aussi et pareillement des engrais.

Mais si je parle au cultivateur d'*économie* agricole, je dois faire une exclusion pour certaines matières, et voici comment :

Parmi les aliments des plantes, on distingue des matières généralement abondantes, et d'autres qui, au contraire, sont rares ; les premières ont peu de valeur, se trouvent partout, sont employées, vu leur bas prix, comme amendement, aussi bien que comme aliment ; les secondes, au contraire, ne se trouvent que dans les grandes villes, elles ont une valeur élevée.

C'est précisément sur cette connaissance que repose la fabrication des engrais qui consiste à y introduire des *amendements*, à les détériorer au profit du spéculateur.

Ce n'est pas au moyen de la poudrette qu'on doit chauler, marner ou plâtrer ; car le plâtre, la marne, la tourbe, de cette façon reviennent à 60 fr. le mètre, et n'en valent pas plus de dix.

Si nous examinons la valeur respective des phosphates, de l'azote et des alcalis, en un mot, des substances qu'on doit estimer dans les engrais proprement dits, nous aurons à faire la même remarque qu'au sujet des *engrais* et des *amendements;* du point de vue économique, les phosphates, l'azote, les alcalis et les acides du soufre et du chlore, sont loin de présenter la même valeur, parce qu'ils n'existent pas en quantités égales; qu'ainsi, donner à tous les aliments des plantes une seule et unique valeur commerciale, serait élever considérablement le cours des matières abondantes, ou bien, si on nivelait le prix des matières plus rares, puis très rares, sur le cours des ma-

R. F.

tières très répandues, ce tarif constituerait un calcul vain, puisqu'on ne pourrait pas s'approvisionner dans ces termes.

On a souvent cherché à établir la valeur des engrais du commerce sur le revient du fumier de ferme, revient excessivement variable, qui souvent dépasse la valeur réalisable des récoltes, tandis qu'en d'autres circonstances, on l'obtient pour rien. Mais que le revient du fumier soit tel qu'on voudra le prendre, ce n'est pas une base d'estimation logique ni pratique par rapport aux autres engrais, et cela tient à ce que la production du fumier est définie, ou limitée, dans la ferme; qu'on ne peut pas faire assez de fumier pour maintenir l'équilibre, même par rapport à la fertilité des prairies. Dans les circonstances où son revient est peu élevé, on ne peut pas en faire assez, tandis que si son revient est trop élevé, on en fait toujours trop, eu égard à l'économie, bien qu'en général il soit impossible de se dispenser d'en produire. L'estimation des engrais extérieurs, faite dans l'une ou l'autre de ces deux hypothèses, serait ou bien au-dessous du prix réel, ou considérablement au-dessus.

Ne perdons jamais de vue, au sujet du fumier,

que sa production limitée cause la dépression de
la production, sans qu'il y ait moyen de sortir de
cette difficulté autrement que par l'usage des engrais extérieurs ; qu'ainsi, quand bien même on
pourrait produire du blé à 0 pour engrais par le
fumier, on n'en produirait qu'un poids relatif
aux ressources définies et existantes, ce qui en-
trave considérablement, ne laisse même pas le
choix des cultures, et conduit à un résultat définitif très onéreux ; car, en tous cas, le capital d'exploitation reste le même pour la production la plus réduite, et de la sorte on se ruine
en économisant le fumier, en n'employant que
l'engrais qu'on obtient pour rien ; tandis qu'on
s'enrichirait par l'engrais qui reviendrait à un
prix raisonnable et doublerait au moins la production.

Quelque connexité qui existe entre les engrais
et les récoltes, quant à la substance, la production
agricole n'offre pas d'éléments pour l'estimation ;
qu'on prenne comme prix-courant le prix du
blé, par exemple, et tout ce que le calcul nous
indiquera, c'est le prix auquel on ne peut pas
payer l'engrais.

Le prix réel et courant des engrais ne se

trouve que dans le marché des matières premières, et doit être établi par rapport aux existences
de ces matières, prenant comme terme celles qui
à leur prix reconnu peuvent suffire à la consommation. En adoptant ce fait pour base, au lieu
d'une supposition, nous sommes arrivés aux chiffres suivants :

TARIF DES SUBSTANCES CONSTITUTIVES
DES ENGRAIS.

Matières organiques (non azotées) . .	0 fr. 04	le kil.
Azote	2 50	—
Phosphates . . .	0 12	—
Alcalis réels . . .	0 12	—
Soufre ou chlore . .	0 16	—

Ce tarif porterait la valeur estimative du fumier
à 1 fr. 04 cent. les 100 kil., environ 6 fr. 75 cent.
le mètre cube.

Comme élément de calcul, voici ce que les
substances constituantes des engrais peuvent
donner en blé, avec la paille correspondante :

ÉQUIVALENTS DE PRODUCTION.

1 kil. azote	donne	66 1|2 kil. blé.
— phosphates	—	55 1|2 —
— alcalis réels	—	55 1|2 —
— chlore et soufre	—	1,000 —

Ou bien par hectolitre de blé pesant 78 kil.,
l'engrais consommé égale :

Azote.	1 170 (1).
Phosphates . . .	2 184
Alcalis.	1 404
Chlore et soufre. .	0 078

Maintenant nous possédons tous les termes
d'une fumure intelligente, calculée et complète.
Nous avons la nomenclature des substances que
doit contenir la fumure, leurs proportions, leur
valeur courante; nous pouvons raisonner la production agricole et les sources de la production,
ou les engrais.

La dépense absolue d'engrais pour obtenir un
hectolitre de blé s'élèverait donc à 2 fr. 95 cent.
chiffre maximum, calculé sur la grande consommation, c'est-à-dire sur des existences de matières respectives suffisantes.

Ainsi la culture actuelle, privée des engrais
extérieurs dont la déperdition est pour ainsi dire
absolue, se trouve placée dans une condition
anormale, qui plus est dans un cercle vicieux,
où, tout en reconnaissant que la production est

---

(1) 1 hectolitre de blé et la paille correspondante contiennent
2.34 azote, on voit donc que l'absorption atmosphérique est estimée à 1.17.

équivalente au fumier, on ne peut appliquer le principe; car la production du fumier est finie, elle est relative aux prairies, aux bestiaux, elle est de plus insuffisante. Qu'un tiers du domaine soit mis en prairie, on n'obtient pas même le tiers du fumier nécessaire; que tout le domaine soit consacré à la production des fourrages, l'engrais produit n'équivaut pas à la recolte, dont une partie a été assimilée, par conséquent enlevée à la terre. Mais voyons le résultat général, et balançons le grand livre de l'agriculture, c'est-à-dire de la société tout entière :

CULTURE PAR HECTARE.

Exploitation et travail	75 fr.	00
Rentes au maximum .	44	00
Impôts	2	47
	119	47

PRODUIT MOYEN EN BLÉ.

8 h. 1|4 à 15 fr. 125 fr. 75 c.		
Plus la paille à con-sommer à. . .	0	00
	125	75

Ainsi, tout l'avantage de la culture se résume à un profit net de 4 fr. 28 cent., si on lui assure le prix ferme de 15 fr.; mais si le blé vient à

tomber à 13 fr., loin de réaliser un profit, la culture serait en perte de 12 fr. 22 cent. par hectare, et on serait placé, comme en ce jour, dans
une condition désolante, ou pour la propriété,
ou pour le cultivateur, ou pour la consommation.

Qu'au lieu de s'en tenir aux ressources
d'engrais de la ferme, qu'au lieu de perdre au dehors toute la substance exportée, on ajoute au
budget des dépenses une somme moyenne de
15 fr. représentant l'engrais pris au dehors et ad-
joint au fumier de la ferme, alors la dépense totale s'élèvera à 134 fr. 47 cent., et la production
devra atteindre le chiffre de 13 hect. 1/4 qui à
15 fr. donnent 198 fr. 75 cent., à 13 fr. nous
aurons 172 fr. 95 cent., à 10 fr. le cultivateur ga-
gnerait encore 13 fr. 28 cent. par hectare, tandis
que dans le faux système de culture actuel et
même au prix de 15 fr. du blé, il retire à peine
4 fr. 28 cent (1).

Craindra-t-on la surabondance, bien que jamais
encore la statistique n'ait indiqué de nombreuses

(1) Profit qui suppose qu'on obtient les fourrages en sus
de 8 1/4 hectolitres, et que les bestiaux payent leur entretien
en travail ou en produit.

années de satisfaction des besoins, tandis qu'elle compte des disettes, des famines pour ainsi dire périodiques; alors, nous rappellerons que le sol ne produit pas que du blé, que si ses rotations sont restreintes et obligatoires, c'est que l'existence du fumier limite les cultures du lin, du chanvre, de la betterave, comme elle réduit, d'autre part, la production même du blé.

En tout cas, comme nous raisonnons sur une actualité, et que les objections ne portent que sur des suppositions, nous n'insisterons que sur le fait; et nous conclurons que la question principale, soit intrinsèquement, soit économiquement, c'est l'engrais et toujours l'engrais.

Effectivement, drainez le sol et continuez, comme précédemment, à l'épuiser, vous marchez quand même à une ruine prochaine, quelque riant qu'en soit le chemin (1).

Ne payez ni rentes, ni impôts, vous n'éviterez pas la dépense fixe d'exploitation et de travail, et si la culture persiste dans son système subversif de toutes les conditions de la production, vous

____

(1) Voulez-vous remarquer pourquoi le drainage a donné, en Angleterre, de si merveilleux résultats, regardez quelle est l'importation d'engrais extérieurs dans ce pays.

touchez à l'époque où cette production sera insuffisante, même pour payer le travail, même
pour nourrir le travailleur.

Mettez donc aux prises, avec ces conséquences
matérielles, les rêves de réforme qui préoccupent
la société? Pas un grain de blé de plus pour mille
théories sociales qui n'ont de positif que d'infil-
trer, dans les artères de la société, le poison des
fausses conclusions à la place du bon sens, et
n'ont de vrai que la critique qui condamne, dans
les institutions et les mœurs, tant d'erreurs de
fait érigées en principes, et que ces théories ne
modifient toutefois d'aucune manière.

Pour disproportionner, à l'avantage de la culture, le capital fixe, le capital d'exploitation, la
rente et l'impôt, qui se déploient sur un champ
stérile comme sur des moissons abondantes, il faut
toujours attaquer les moyens directs d'équilibrer
les dépenses et les produits, non seulement dans
l'intérêt d'une classe, mais dans celui de la société.

L'intérêt agricole, mal compris, ne porte pas
seulement sur la classe agricole, mais sur la
société tout entière. L'administration de la substance, finie dans la nature, répond de l'existence
générale.

Que le contrôle que le cultivateur doit exercer sur la substance fertilisatrice, contrôle que nous avons cherché à simplifier, à rendre pratique et tout à fait exempt de recherche ; que ce calcul et ce contrôle remplacent le système insuffisant et ruineux que nous venons d'étudier, et non seulement l'*agriculture deviendra* possible du point de vue financier, mais elle résoudra une sérieuse question sociale qui, d'une inquiétude motivée, du travail vain et du manque de travail, forge un levier puissant que le pays sent sous ses bases et qui l'ébranle depuis un siècle.

Nous terminons maintenant ce traité du commerce des engrais par un tableau de référence qui donne un exemple du mode de vente que nous avons proposé, une application du tarif et un relevé des pertes que les ventes sans garantie et sans désignation causent à la culture.

La prochaine réunion du Congrès ne nous a pas donné le temps d'étendre davantage ce tableau ; nous espérons que les exemples choisis seront plus que suffisants pour convaincre qu'il est urgent de faire cesser un commerce illusoire, et que notre travail atteindra, par la réalisation d'un progrès dans l'économie agricole, son objet d'utilité.

Tableau de la valeur intrinsèque et de la valeur, au cours du tarif, des engrais estimés d'après les dispositions proposées (1).

ENGRAIS.	(2) VALEUR INTRINSÈQUE ET DU TARIF.					VALEUR COMMERCIALE sans contrôle.	
	C. H. O. Matières organiques.	A Z. Azote.	PHOSPHATE.	ALCALI.	VALEUR TARIF.	PRIX du commerce actuel.	PERTE.
					fr. c.		
Fumier de ferme (fermenté).	15 »	0 52	0 27	0 58	1 04	—	—
Poudrette (1849)	9 07	0 45	0 60	0 10	1 26	6 »	4 74
id. urates.	1 »	0 27	—	—	0 75	6 »	5 25
Poudrette faite à Londres. .	58 35	3 40	49 »	1 »	11 28	45 »	3 72
Sang sec coagulé.	78 95	14 59	phosp. et sels	6 46	37 76	23 »	—
Sang en poudrette	7 10	1 51	—	—	3 40	5 »	1 60
Tourteaux colza	75 50	4 50	—	7 »	12 85	12 »	—
Guano (moyenne qualité). .	27 »	9 50	14 »	15 »	27 50	50 »	3 50
Os humides mélangés. . . .	24 30	5 »	55 50	1 05	16 76	12 »	—
Cendres d'os	—	—	96 »	4 »	12 »	20 »	8 »
Noir neuf, 12 p. o|o d'eau.	12 »	1 50	78 05	5 05	13 21	20 »	6 75
Id. Résidu, 47 p. o|o. id .	5 77	0 75	51 16	0 53	5 68	6 66	0 98
ENGRAIS MICROSCOPIQUES présentés comme fumier n'étant qu'un pralinage.							
Huguin	58 50	1 »	27 50	5 20	6 78	400 »	395 22
Dusseau.	1 82	5 »	4 60	et sels	8 06	200 »	491 94
Bickès.	10 »	1 05	—	1 05	4 03	600 »	595 97

(1) Pages 72 et 80.

(2) Établies sur mes analyses.

Ce tableau ne demande aucune explication, l'avantage de l'achat sérieux est assez évident, et les pertes résultant de l'emploi d'engrais dispendieux ou illusoires s'expliquent par la comparaison.

§ IV.

J'ai avancé précédemment quelques faits relatifs à la supériorité de l'Angleterre, en ce qui regarde la production des céréales, des bestiaux et des denrées agricoles. Il ne sera pas superflu de revenir sur ce point. Bien qu'il soit hors des mesures de ce travail de développer un parallèle, il importe au moins de motiver même les exemples, surtout quand ils sont pris dans une autre sphère que celle de notre action. Les rapports institués sur la question agricole d'outre-mer sont d'ailleurs si opposés, si incomplets, qu'il semblerait qu'à l'exemple de ces voyageurs chargés de découvrir l'extrême pôle du monde, les délégués de la France n'ont rencontré au terme de leur voyage que des glaces éternelles, dont le récit, sans enseignement, n'apporte pour toutes découvertes que celles de la supériorité de la France, et d'une île où tout est au-dessous du continent, même le thermomètre.

Il faut, lorsqu'on veut gagner en grandeur par des exemples, ou lorsqu'on est arrivé au point d'en donner, il faut savoir, dis-je, apprécier ce qu'il importe d'acquérir, comme ce qu'il faut éviter, et connaître assez ses forces pour ne pas les compromettre.

Vers la fin du dix-septième siècle, la France était pour l'Angleterre ce que la Sicile et la Sardaigne étaient pour Rome :

« *Siciliam et Sardineam benignissimas urbis* « *Romæ nutrices* (1). »

Dès le milieu du dix-huitième, la France, après avoir compté plus de 90 millions d'hectolitres de blé comme résultat accoutumé, ne produisait déjà plus que 60 millions d'hectolitres, tandis que des progrès marqués élevaient progressivement la production agricole au-delà du détroit, au point d'égaler un pays trois fois plus étendu ; comme si la richesse innée n'était quelquefois qu'un don funeste, comme si l'homme était la condition de la valeur même de la terre.

(1) Val. Max., lib. vi, cap. vi.

Ainsi que disait Vauban, avec grande profondeur de pensée : « On s'est aperçu que les biens de campagnes rendent un tiers de moins qu'ils ne rendaient il y a trente ou quarante ans. Peu de personnes ont pris la peine d'examiner à fond quelles sont les causes de cette diminution, qui se fera sentir de plus en plus, si on n'y apporte le remède convenable. »

Effectivement, si on réduit en blé la production de tout genre des deux pays, on trouve qu'elle égale aujourd'hui 8 1/4 hectolitres pour la France et dépasse 24 hectolitres en Angleterre.

Je ne m'arrêterai pas aux questions accessoires de la production dans l'un et l'autre pays, le crédit croissant plus loin en proportion qu'il se retire ici ; les améliorations physiques, mécaniques et politiques se succédant avec autant de hâte depuis le règne de Henri VIII, qu'elles ont été tardives et morcelées dans un pays qui se fait un luxe de l'initiative des idées et de la science, sans objet de réalisation. Si nous voulons bien consentir à reconnaître un simple fait statistique, une espèce de déplacement de la fertilité qui n'est que trop réellement un déplacement de la richesse, alors nous trouverons dans l'agriculture anglaise

non seulement des instruments perfectionnés, des
assolements judicieux, plusieurs récoltes par année au lieu des jachères, le travail de dix égalant
celui de trente-trois personnes, des races de bestiaux supérieures, un retour de 360 fr. par hectare au lieu de 123 fr. 75 cent., mais les causes
mêmes de ces progrès nous deviendront sensibles, et nous pénètrerons ce système d'économie
naturelle qui se rattache à la *substance*, ne demande que la protection, de la stabilité et de la
paix, pour enrichir, et donner à la fois l'indépen-
dance.

L'agriculture anglaise est une leçon, ce n'est
pas un modèle. Toutefois qu'il s'agit de cette
nation exceptionnelle, conservant, au sein de
l'Europe, son caractère, sa profonde personna-
lité, son essence libre et son mouvement inces-
sant, on est forcé de reconnaître que la fortune
c'est l'homme. Jamais, hormis les valeurs miné-
rales, vous ne trouverez la source des choses
dans le pays ; pour l'industrie générale, l'avantage particulier existe dans la force d'entreprise
plutôt que dans l'économie même des moyens ;
toute l'imperfection du détail, toute l'absence
d'éléments locaux, toute l'exiguité des surfaces,

se balancent par l'importance des résultats, par le trafic universel, par une attraction qui réunit, comme nécessairement, tout ce qu'il faut pour faire quelque chose et presque ce que l'on veut.

C'est ainsi que je ne saurais considérer l'agriculture, telle que je la connais en Angleterre, comme un exemple ; parce que ses ressources, celles au moyen desquelles elle s'est développée, ne lui sont pas personnelles.

Le blé que l'Angleterre n'achète plus, elle est, quand même, forcée d'aller le chercher au loin. Les causes de la fertilité, comme celles de la richesse, sont subordonnées, pour elle, aux chances des événements que son étonnante puissance semble avoir le don de commander.

A l'intérieur elle dédaigne, comme la France, des ressources acquises, des résidus dont pourtant elle sait l'importance (1), mais payer n'est pas l'objet ; ce qu'elle donne pour les masses énormes de matières fertilisatrices qu'elle emprunte à l'univers, le pays le retrouve dans le fret de ses navires, dans l'échange, dans le mouvement. Interrompre sa vie de relation, quelle que soit la

(1) On perd à l'extérieur par les vidanges, le sang et autres matières, l'azote qu'on va chercher au Pérou sous forme de guano.

somme qui y serait attachée, serait trop payer
un avantage qu'elle ne peut saisir qu'en mou-
rant.

La Grande-Bretagne ne se trouve pas au degré de latitude de l'Angleterre, sa place géogra-
phique reste indéterminée, et comme puissance,
elle est errante, « *per mare per terram.* »

Bien au contraire, la richesse de la France, c'est
le sol; sa prospérité est attachée au maintien des
conditions de la fertilité, toutes existantes dans
le pays, elle n'est pas appelée à les aller chercher
ailleurs; les négliger, les perdre, serait donc
pour elle ce qu'au contraire l'économie locale,
exercée au point de vue absolu, est à l'Angleterre.

La France est une réalité, dans sa fortune, dans
son existance; en vain elle fait tout pour se soustraire à cette condition de force réelle; c'est toujours cette même force qui vient réparer ses erreurs, avec tant d'assurance, que les révolutions
les plus graves, que les perplexités du commerce,
ont à peine le temps de passer, et que déjà tout
s'équilibre, tout se répare par une récolte.

Mais nous avons reconnu que l'agriculture

anglaise était une leçon ; voici maintenant quel est son principe, et ce ne sera pas une preuve indifférente à l'objet de cet ouvrage.

On remarque d'abord que, tant par le fait des circonstances locales, qu'en vue d'améliorer sa condition, la culture s'est développée à la fois en raison de l'existence continuellement progressive des bestiaux, et de l'importation d'engrais extérieurs de toute provenance, surtout d'Allemagne, de Russie, de l'Australie, du Pérou, de l'Inde, etc.

Par le fait des prairies et des bestiaux, elle a récolté du blé, c'est l'âge d'or de l'agriculture, c'est l'exemple de l'Italie, mais ce n'est pas un principe de continuité. Extraire la substance des deux tiers de la surface du pays, pour la reporter sur le tiers restant et destiné à produire des récoltes qui ne sont jamais remboursées en nature, c'est vouloir maintenir un liquide au même niveau dans un vase fuyant ; aussi, bien que l'Angleterre, à proportion des surfaces respectives, possède vingt-sept têtes de gros bétail pour neuf en France, elle s'est bien gardée de se reposer dans une telle imprévoyance, et, pour exprimer plus utilement la cause, toute d'ensemble, de ses progrès, nous allons les énumérer :

D'abord, en fait de fertilité temporaire, d'épuisement causé sur un point, pour porter la richesse sur un autre, et obtenir en cet endroit une richesse finie et relative, nous avons à raison du gros bétail pris au chiffre de six millions, une quantité de fumier, en mètres cubes, égalant 102 millions, qui, répartis sur environ 15 millions d'hectares, donnent une fumure de près de 8 mètres cubes, au lieu de celle de la France, qui en tout et pour tout s'élève à 5 mètres cubes.

Première cause d'un excédant de production.

Ce n'est pas tout : les bestiaux consomment annuellement, à 160 grammes par jour, 407 millions de kilogrammes de sel, quantité qui, exprimée en fumier, représente près de 139 millions de mètres cubes.

Puis, viennent ces importations de blé, déguisées sous la forme d'engrais; les laines, les os, les peaux étrangères, les nitrates de soude et de potasse, etc., etc.; enfin, on obtient des arts et manufactures, des produits divers, des sels largement employés. Pour ne parler toutefois, que des substances dont l'emploi est déterminé, nous trouvons que chaque année l'Angleterre emploie :

<pre>
Laines.   .   .   .   .   44,400,000 kilog.
Os.   169,000,000
Guano.   34,000,000
Sels   ammoniacaux
    et nitrates.   .   .   40,000,000
</pre>

Ces matières égalent

<pre>
En azote.   .   .   .   27,570,000 kilog.
En phosphates   .   .   104,400,000
</pre>

Ou bien en fumier :

<pre>
Azote.   .   .   11,028,000 mètres cubes.
Phosphates   .   67,000,000
</pre>

Ce qui nous donne, joint au sel, 217 millions de mètres cubes, équivalents à une fumure de 14 mètres 1[2 par hectare; c'est-à-dire que le fumier de ferme compris, l'hectare reçoit en Angleterre l'équivalent de 22 1[2 mètres cubes.

Voilà l'excédant de production parfaitement expliqué; telle est la leçon que je trouve dans l'agriculture anglaise, leçon assez directe pour que je me dispense d'entrer dans le détail des *amendements* qui sont, à proportion de l'engrais; ou bien encore, dans la question du commerce des engrais qui se fait, comme le commerce général du pays, de *science certaine*.

CONCLUSION.

Nous croyons avoir établi que l'absence d'é-
conomie de la substance, dans la culture et dans
nos mœurs, produit à la fois l'état actuel, et
menace d'un avenir tel, que déjà une chose aussi
stable que l'existence est sérieusement mise en
question.

Ne croirait-on pas être arrivé, après avoir suivi
les mêmes errements de déperdition constante, à
cette époque de décadence de l'antique Italie, si
proche de la fatale conquête, où, après avoir longtemps obtenu 20 pour 1 (1), après avoir alimenté
le monde (2), Rome, un siècle plus tard, ne trou-
vait plus dans la culture, même assez pour solder
le travail (3) et pour subsister?

L'existence du peuple romain fut alors « su-
bordonnée aux chances de la navigation et des
événements (4), » et « pour ne pas mourir de
faim, » expression de Columelle, on fut réduit

(1) Varron, lib. ii, præf.
(2) Tacit., ann., lib. xii.
(3) Columelle, lib. i, præf, et lib. iii, cap. iii.
(4) Tacit., ann., lib. xii.

à « traiter avec des commissaires, afin d'obtenir du blé des provinces situées au-delà des mers (1). »

Si tel n'est pas encore l'épuisement actuel de notre sol, l'obligation d'assurer à l'agriculture des prix élevés, n'est-elle pas un des degrés de cette histoire funeste, qui n'établit qu'une seule et même condition de puissance pour le pays et l'agriculture?

Au reste, sans remonter jusque-là, si l'agriculture est sans crédit, la cause n'existe que dans ses malversations et dans son insuffisance positive; si la propriété doit disparaître, pour rendre sa condition possible pour un temps, si le pain doit coûter trop cher, c'est que déjà la succession de nos pertes matérielles en est venue jusqu'à causer une calamité publique. De semblables péripéties ont dû rester sans remèdes, pour les anciennes civilisations, privées du sens d'intuition que nous a donné la chimie; mais, pour nous, elles sont réparables, et doivent disparaître dès lors que nous cesserons de vouloir produire avec rien, ou de produire autrement qu'en raison de

_____

(1) Colum., lib. i, prœf.

la substance, c'est-à-dire de vouloir créer.

Nous venons de le dire, les modernes ont acquis une action sur la nature, action conséquente de ses lois, et qui leur donne la puissance de réunir à volonté toutes les conditions des phénomènes naturels, et de les reproduire à volonté.

Cette action à laquelle il est donné de doubler, s'il est nécessaire, la production agricole, de réduire ses mises, moins en elle-même que par le fait de plus abondants produits, conquis avec la dépense ordinaire de forces et d'argent; cette action, dis-je, qui résout toutes les questions à la fois, est précisément restée, on peut dire, sans application.

J'ai traité des fraudes des engrais, comme moyen d'avertir le cultivateur touchant sa ruine volontaire et personnelle; j'ai fait appel aux hommes éclairés pour qu'ils instituent une telle réforme, qu'il en résulte un commerce et un progrès dans le système de la culture; mais cet objet atteint par une législation spéciale, ne dispenserait pas encore *de prendre de fermes mesures destinées à arrêter le cours de la déperdition des éléments matériels de la fertilité.*

Ce fleuve de matières fertilisatrices qui passe, amène de loin ces révolutions auxquelles on oppose *un argument* quand elles arrivent désastreuses et affamées.

Je l'ai dit clairement, ce qui soulève le désordre, c'est un *instinct réel;* ce qu'il demande ne comblerait pas les besoins; mais après avoir réfuté les théories sociales, touchant l'agriculture, parce qu'elles se trompent sur le remède, je ne saurais faire autrement de blâmer le système administratif de tout le pays, qui, quand on vient l'éveiller sur des faits, répond par le silence; qui, quand on lui démontre que la désorganisation politique a pour source un travail en somme insuffisant, une dépréciation dans les qualités du sol (d'où la cherté qui ne paye pas même le producteur, devient une calamité nécessaire), ne cherche pas à modifier de telles conditions, et à intercepter la déperdition dont l'évaluation a été faite dans cet ouvrage.

Si on préfère ne pas envisager les conséquences dans leur plus large application, et se satisfaire de l'énumération des faits, nous dirons : que si les métayers vivent misérablement, laissant au propriétaire les ossements de leur misère; que si les fer-

miers ne peuvent payer les rentes ; que si la condition du propriétaire est profondément fâcheuse ;
que si les travailleurs abandonnent les champs
pour affluer dans les villes industrielles où le travail cesse aussi promptement qu'il afflue, et réduit
des populations à la faim tacite ou à la faim
menaçante : c'est que l'agriculture est un sup-
plice, et que ni le crédit, ni des bras ne modifient son revenu, du moins d'une manière permanente, tant qu'elle use le sol, et perd au
dehors les déchets des récoltes.

Assurez l'abondance de la substance au sol
immédiatement les cultures deviennent libres,
la technologie agricole se développe, les champs
se couvrent de produits de toutes sortes,
les plantes textiles, les plantes tinctoriales, les
plantes sarclées, parent de luxuriantes récoltes les
surfaces libres et enrichies ; voilà la véritable protection commerciale et industrielle.

La substance est le capital fixe et de circulation
de l'agriculture ; assurez la substance, évitez sa
déperdition, et il y aura du travail pour tous les
bras, du crédit pour l'agriculture, de la raison à
assainir, afin de ne pas placer les substances dans
des conditions qui les paralysent, tant d'autres

améliorations seront également fructueuses, parce qu'elles seront conséquentes.

La réflexion, la science, l'expérience, ne peuvent manquer de convaincre de l'exactitude de ces rapports; autrement, on ne saurait les combattre qu'en adoptant ces axiomes :

La végétation n'est pas un phénomène de la substance, et les fumures en elles-mêmes sont superflues; la matière se crée incessamment sous le soc de la charrue, etc.

Ne discutons pas toujours, les idées réelles et les progrès matériels sont ici demandés par une population exigeante de toute la force de l'instinct de conservation ; hâtons-nous, si l'état actuel nous effraie; lisons à temps l'histoire prochaine sur nos sillons.

FIN.

Facture modèle d'une vente d'Engrais,

Conformément aux dispositions légales proposées au Congrès central d'Agriculture, et que les cultivateurs peuvent exiger du vendeur.

DOIT	DÉSIGNATION LIBRE.	EMBALLAGE ET POIDS BRUT.	POIDS NET.	PRIX.	CONTENANT p. 100.	fr.	c.
M***	ENGRAIS	(En sac	kilog.		Matière organique. 9 757		
cultivateur à	POUDRETTE	ou barrique.)			Azote 0 451		
à L.J.H., fabricant, marchand ou courtier d'Engrais	Livré à	N° 1. 513 kil.	400	6 fr.	Phosphate. 0 600	54	»
	ou expédié par	N° 2. 320 kil.	500	les 100 k.	Soude ou potasse. 0 100		
	roulage, etc.				Soufre et chlore. . traces		
à La Villette	Emballage. . .	. . . .	. . . .	. . .	Terres . . . . . } 89 152 Humidité . . . . }	2	»
pour							
			900		100 000	56	»

Pour acquit et garantie, ou pour garantie seulement,

Signé : ***

L'inspection de cette facture justifiera de ses avantages, de la nécessité de sa prompte adoption : elle est calculée de manière à répondre à toutes les éventualités ; c'est donc chose pratique et qui réformera les fabrications grossières, mieux, plus promptement, que toutes les leçons possibles. J'ai dit que cette réforme pouvait s'opérer par le fait de la volonté de l'acheteur, par l'influence des Sociétés d'agriculture, des Comices et des Chambres d'agriculture ; et cela est tellement vrai, qu'en ne se soumettant pas à formuler ainsi la *facture de vente, les marchands seraient* obligés de garder leur marchandise, et que désormais la valeur intrinsèque des engrais deviendrait la base intéressée de la fabrication.

BIBLIOTHÈQUE NATIONALE R.F. IMPRIMÉS

TABLE DES MATIÈRES.

Première partie.

Deuxième partie.

FIN DE LA TABLE

BIBLIOTHÈQUE NATIONALE — R. F. — IMPRIMÉS

www.ingramcontent.com/pod-product-compliance
Lightning Source LLC
LaVergne TN
LVHW012007180726
843502LV00005B/1587